教育部哲学社会科学系列发展报告

MOE Serial Reports on Developments in Humanities and Social Sciences

中国生态文明建设
发展报告2016

China Ecological Civilization Construction
Progress Report 2016

吴明红　严　耕　樊阳程　陈　佳　等著

U0231852

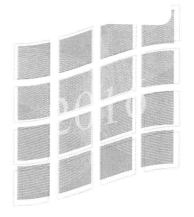

北京大学出版社

PEKING UNIVERSITY PRESS

图书在版编目(CIP)数据

中国生态文明建设发展报告.2016/吴明红等著.—北京:北京大学出版社.2019.10
(教育部哲学社会科学系列发展报告)
ISBN 978-7-301-30669-7

Ⅰ.①中… Ⅱ.①吴… ②严… Ⅲ.①生态环境建设—研究报告—中国—2016
Ⅳ.①X321.2

中国版本图书馆 CIP 数据核字(2019)第 181085 号

书　　　名	中国生态文明建设发展报告 2016	
	ZHONGGUO SHENGTAI WENMING JIANSHE FAZHAN BAOGAO 2016	
著作责任者	吴明红　严　耕　樊阳程　陈　佳　等著	
责 任 编 辑	黄　炜	
标 准 书 号	ISBN 978-7-301-30669-7	
出 版 发 行	北京大学出版社	
地　　　址	北京市海淀区成府路 205 号　100871	
网　　　址	http://www.pup.cn　新浪微博:@北京大学出版社	
电 子 信 箱	zpup@pup.cn	
电　　　话	邮购部 010-62752015　发行部 010-62750672　编辑部 010-62764976	
印 刷 者	北京虎彩文化传播有限公司	
经 销 者	新华书店	
	730 毫米×980 毫米　16 开本　14 印张　254 千字	
	2019 年 10 月第 1 版　2019 年 10 月第 1 次印刷	
定　　　价	42.00 元	

内 容 介 绍

　　《中国生态文明建设发展报告 2016》突出以动态的视角，反映生态文明建设最新发展态势，与其他关于生态文明水平的静态评价有不同侧重。

　　课题组不断改进、完善生态文明建设与绿色生产、绿色生活三套发展评价指标体系。生态文明建设发展评价，从生态保护与建设、环境质量改善和经济社会发展对资源能源的消耗以及由此产生的污染物排放与地区生态、环境承载能力的关系三个维度，综合量化评价分析中国生态文明进步趋势、驱动因素及其与 OECD 国家比较的优势与不足。绿色生产发展评价，从生产领域的产业升级、资源增效、排放优化三个维度，透视我国绿色生产发展全貌，探寻症结与突破口。绿色生活发展评价，从生活领域的消费升级、排放优化两个维度，剖析我国生活方式绿色转型面临的机遇与挑战。

　　报告将持续发布中国生态文明发展指数（ECPI 2016）、绿色生产水平指数（GPI 2016）与发展指数（GPPI 2016）、绿色生活水平指数（GLI 2016）与发展指数（GLPI 2016）。

　　全书以国家发布权威数据为支撑，体现独立公正的学界第三方评价分析。可供关心生态文明建设的各界人士阅读和参考。

目　　录

第一部分　生态文明建设发展评价报告

第二部分　绿色生产发展评价报告

第三部分　绿色生活发展评价报告

第一部分
生态文明建设
发展评价报告

第一章　中国生态文明建设发展年度评价报告

建设生态文明作为实现中华民族永续发展的千年大计,已纳入中国特色社会主义建设基本方略,成为中国现阶段的一项重点工作任务。为检验生态文明建设推进的实际效果,课题组综合评价各省份[①]生态文明发展态势,发布了反映各省份总体生态文明建设发展相对速度的生态文明发展指数(Eco-Civilization Progress Index,ECPI),量化分析全国及各省份生态文明建设发展趋势的变化,并展开国际比较,探寻其关键影响因素,发现问题与不足,进而明确中国后续生态文明建设的重点与方向。

一、中国生态文明建设取得显著成效

2016 年度,中国生态文明建设成效显著,但由于长期以来经济社会发展方式相对粗放,生态环境承载负荷过重,近几年环境问题呈集中爆发之势,经济社会发展与生态环境改善的矛盾依然存在,民众对生态文明建设进步的获得感不强。下一步要破解制约中国决胜全面建成小康社会的生态环境短板,提供更多优质生态产品,满足人民日益增长的优美生态环境需要,生态文明建设的任务还很艰巨。

1. 中国整体生态文明水平全面提升

全国整体生态文明水平持续进步,各考察领域均取得积极进展。数据显示,生态保护方面有小幅回落,主要是受到部分所选取指标的数据以五年为更新周期的影响。总体而言,中国生态保护力度在不断增强,自然生态系统活力日益提升。环境质量触底反弹,已开始好转。经济社会发展中资源、能源使用减量增效还任重道远,合理开发利用资源、能源是中国现阶段推进生态文明建设的主要着力点,资源、能源消耗及其所产生的污染物排放对生态环境的影响效应明显改善(表 1-1)。

表 1-1　2015—2016 年全国生态文明建设发展速度　　　　单位:%

	生态保护	环境改善	资源节约	排放减害	整体发展速度
全国	−0.05	1.83	1.48	12.32	3.90

---

①　由于数据所限,本书所分析的各省份数据均为全国除港澳台以外的三十一个省级行政区的数据。

（1）生态保护与建设稳步推进，生态基础不断夯实。

生态系统是由自然界所有事物共同组成的统一整体，它与自然资源和环境是"一体两用"的关系，其中，生态系统是"本体"，自然资源和环境是人类对生态系统的两种使用方式。自然资源取自生态系统，是支撑人类生存、发展的能源或材料，环境则是生态系统为人类生存提供的栖身之境，三者之间，生态系统的地位更为基础，其健康活力状况决定着环境容量的尺度和自然资源储备厚度。随着中国退耕还林还草、天然林资源保护、防护林体系建设、河湖湿地保护与修复、水土流失综合治理、城市绿化、野生动植物保护及自然保护区建设等重大生态保护和修复工程实施，全国整体生态系统保育取得明显成效，自然生态系统活力稳步增强。

森林是陆地生态系统的主体，维护国土生态安全的重要屏障，中国对森林生态系统的保护与建设力度不断增强，森林面积与蓄积量均保持较快增长速度。由于森林资源清查工程量大，数据更新发布以五年为一个周期，不能及时反映最新建设成效，仅从每年造林面积、有害生物受损面积以及火灾受害面积统计数据显示，近五年中国森林资源增长率保持较高水平，历年造林面积占森林面积的比例在3%左右，五年累计造林面积占森林面积比例达15.82%，森林有害生物受损面积与森林火灾受害面积不断下降（图1-1，图1-2）。

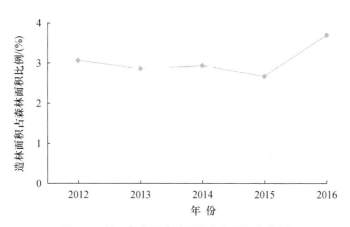

图 1-1　近五年全国造林面积占森林面积比例

自然保护区是生物多样性保护的重要载体，近年来全国自然保护区面积有减少的趋势，成为生物多样性保护的潜在威胁。中国的自然保护区主要分布在西部，[①]其面积达到全国自然保护区总面积的81.92%，由于西部省份经济社会水平

---

① 西部省份特指我国西部大开发战略实施范围所涉及的省级行政区，包括陕西、甘肃、宁夏、青海、新疆、四川、云南、贵州、重庆、西藏、广西、内蒙古等12个省、自治区和直辖市。

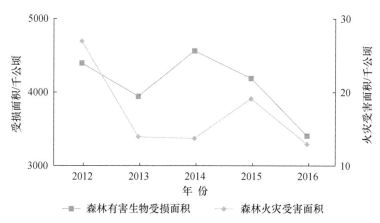

图 1-2　近五年全国森林有害生物受损面积与火灾受害面积

普遍相对落后,经济发展愿望迫切,而且全国经济社会发展对资源、能源的需求旺盛,导致部分自然资源储量丰富的自然保护区内违规开发开采现象屡禁不止,生态保护与民生改善冲突加剧,对中国生态保护与建设顺利推进形成严峻挑战(图 1-3,图 1-4)。

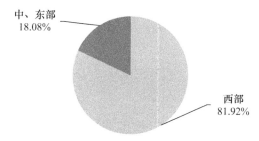

自然保护区面积占全国自然保护区面积比例（%）

图 1-3　全国自然保护区面积分布

为民众提供更多优质生态产品,满足其日益增长的优美生态环境需要,是中国建成全面小康社会的必然要求。这也成为现阶段生态文明建设的重要任务,城市绿化建设则是其主要抓手之一。作为民生改善的应有之意,全国城市绿化建设取得积极成效。在城镇人口不断增长的形势下,人均公园绿地面积逐年上升,近五年累计增加 13.14%,建成区配套绿化建设持续推进,部分城市已接近国际良好标准。由于中国正处于城镇化加速发展时期,建成区面积扩张迅速,以致部分年度建成区绿化比例有所回落(图 1-5)。

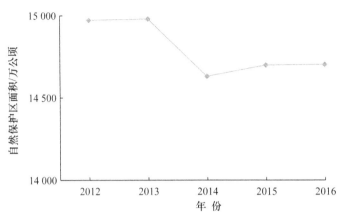

图 1-4　近五年全国自然保护区面积

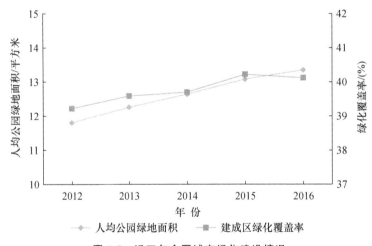

＊＊＊　人均公园绿地面积　■■■　建成区绿化覆盖率

图 1-5　近五年全国城市绿化建设情况

　　湿地生态系统在水源涵养、水质净化、气候调节、抗旱蓄洪以及生物多样性保护等方面具有重要功能,事关国家生态安全。从中国仅有的两次湿地资源调查数据来看,湿地总面积大幅上升,但事实上,生态效益较高的自然湿地有面积萎缩、功能减退的趋势。

　　总体而言,中国仍是一个缺林少绿的国家,草原退化形势严峻,水土流失问题突出,生态基础薄弱,下一步应尊重自然规律,以"两山"理论为指导,确立生态立国理念,坚持生态优先,守住生态红线,统筹推进山水林田湖草系统保育,加快国家公园建设,完善生物多样性保护,加快生态修复进程,优化生态安全屏障,提升生态系统服务功能。

（2）环境状况有所改善，但民众获得感不强。

环境是人类作为生物体维持生存所必需的基础物质条件，栖身之境。享有清新空气、青山绿水等良好环境，也是人们基本生存权利的重要内容。为人民创造良好宜居的生产生活环境，是中国生态文明建设的直接目标。随着全国不断加大环境治理力度，完善污染防治体系，环境治理能力显著提升，环境质量得到改善，重大以上突发环境事件次数明显下降；但由于历史原因，环境容量被严重透支，局部地区、部分行业环境问题高发，风险凸显，民众对环境改善的获得感不强。

《大气污染防治行动计划》发布实施以来，中国掀起了一场轰轰烈烈的"蓝天保卫战"，大气污染防控、监管能力增强，全国空气质量总体改善，京津冀等重点区域也明显好转，呈现向好态势，但目前的措施更多地以预防为主，从优化产业结构、能源结构，控制污染物排放的角度着手，对重污染天气形成原因及过程缺乏深入研究，而重污染极端天气出现后，也只能继续增加临时性污染物排放调控措施，其他有效应对化解办法不多，未建立起系统的大气污染防治措施。目前，全国平均好于二级天气天数占全年比例不足七成，338 个地级及以上城市，仅有 84 个城市环境空气质量达标，占 24.9％，部分大城市环境空气污染仍是发展之殇、民生之患。大气污染防治工作需积极作为，掌握空气质量改善的主动权。

水体环境方面，重点流域污染防治已取得阶段性成果，水质优良比例上升，全国Ⅰ～Ⅲ类水质河长比例超过 70％，黑臭水体整治全面启动，劣Ⅴ类水质比例总体呈逐年下降趋势（图 1-6）。重要湖泊、水库水质基本稳定。但地下水水质仍在持续恶化，较好等级以上水质监测点比例不足 40％。近岸海域污染有加重趋势，未达到第一类海水水质标准海域面积增加 7.15％（图 1-7）。

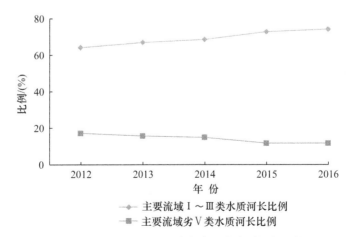

图 1-6　主要流域Ⅰ～Ⅲ类与劣Ⅴ类水质河长比例

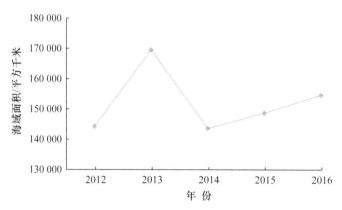

图 1-7　近岸海域未达一类海水水质标准海域面积

　　农业农村环境污染综合整治难度较大,成为中国环境污染防治与改善的薄弱环节。由于农村环境基础设施相对落后,农业面源污染形势严峻,随着近年来农业农村环境污染防治力度加强,农村环境综合治理体系逐步建立,污染加剧态势有所缓解,农业单位播种面积化肥施用量连续增加后开始下降,单位播种面积农药施用量连续三年走低,但单位播种面积化肥、农药施用量仍远高于国际公认安全上限,尤其化肥施用总量还在持续攀升,只是 2016 年趋势放缓(图 1-8)。坚持推进"厕所革命",取得显著成效,农村卫生厕所普及率连年上升,为农村环境污染综合整治奠定了坚实基础(图 1-9)。

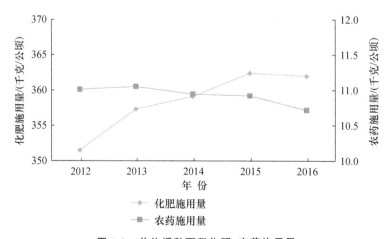

图 1-8　单位播种面积化肥、农药施用量

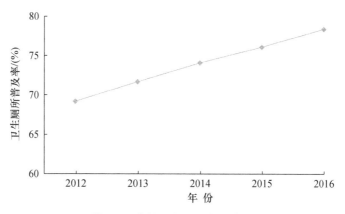

图 1-9　农村卫生厕所普及情况

城市人口密度较大,环境问题更容易引起社会的关注,城市环境污染防治相对领先于农村地区,呈现向好发展态势。城市污水集中处理率与生活垃圾无害化处理率均在不断提高,但其资源化利用水平还有较大提升空间(图 1-10)。

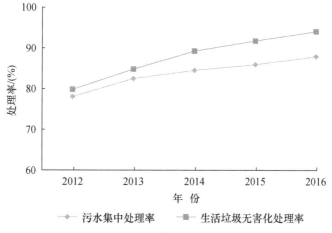

图 1-10　城市环境污染防治情况

中国的环境问题在短时期内呈集中爆发之势,城市空气污染、建成区黑臭水体、土壤环境污染、地下水质恶化、农村面源污染等成为人民群众反映强烈的突出问题,也是全面建成小康社会的关键制约。全国环境治理力度不断加大,取得积极成效,但与民众对优美环境的期待仍有距离。应加快建立健全环境污染监测、预防体系,严守环境容量上限,控制污染物排放,削减污染增量;同时,转变被动等待有利自然条件的惯性思维,主动作为,完善环境基础设施,提升环境治理能力,加强区域联合统筹,协同推进大气、水体、土壤环境污染治理与恢复。

(3) 资源利用减量增效有瓶颈,资源节约推进任务艰巨。

合理开发利用资源、能源既是生态文明建设的目标也是现阶段的重要抓手。人类社会对自然资源的利用水平与环境改善和生态保护状况休戚相关,合理开发、节约利用资源,有利于控制对自然生态系统的索取,确保资源可持续供给,而且能够从源头上减少污染物产生,缓解生态环境压力。中国积极转变经济发展方式,调整产业结构,优化产能,推进资源、能源节约和综合循环使用,提高利用效率,取得有效进展,资源、能源消耗强度大幅度下降,但资源、能源消耗总量还在攀升,经济社会发展付出的生态环境代价较大。

中国提出"两型社会"建设以来,大力推进资源、能源节约利用,提高资源、能源利用效率取得显著进步,近五年单位国内生产总值能源消耗量和用水量不断下降(图 1-11),但与国际先进水平仍有较大差距,能源消费总量还未达到峰值,用水总量下降趋势尚不明确(图 1-12),经济社会发展的巨大资源、能源需求,导致自然生态系统的资源供给能力长期处于超负荷承载,也对后续缓解资源、能源消耗后产生的污染物排放的有害影响效应提出了更为严苛的要求。

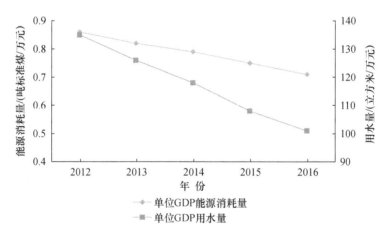

图 1-11　单位 GDP 能源消耗量与用水量

资源综合循环利用程度不高,工业固体废物综合利用率仅 60% 左右,城市水资源重复利用比例不足 80%(图 1-13)。线性的资源利用模式,使得大量资源需求长期依赖于自然生态系统供给,加剧了资源开发强度,生态系统必将不堪重负。如,中国水资源开发强度较高,常年用水总量占水资源总量比例在 20% 左右,部分缺水地区已远超出 40% 的合适水平。而且,未经循环使用的废弃物直接转变成污染源,也加重了资源、能源消耗产生的污染物排放对生态环境的损害效应。

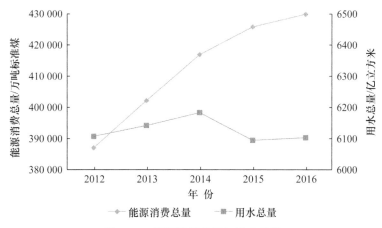

图 1-12 能源消费总量与用水总量

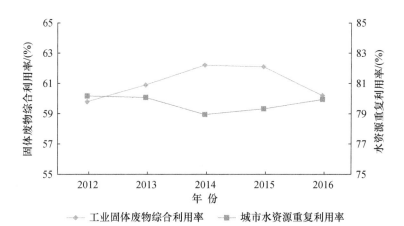

图 1-13 工业固体废物综合利用率与城市水资源重复利用率

当务之急,中国需尽快转变以资源、能源等要素投入为驱动的经济发展模式,依据各区域自然资源承载能力,合理规划国土空间开发布局,优化产业结构,鼓励科技创新,借鉴国际先进经验,节约利用资源、能源,加强资源的综合循环使用,提高资源、能源利用效率,倒逼生产方式的绿色转型,培育引导全社会形成绿色健康的发展方式和生活方式。

(4)污染物排放总量下降,排放减害任重道远。

排放减害,缓解资源、能源消耗后产生的污染物排放对生态环境的有害影响效应,是打造绿色发展方式、生活方式,实现经济社会协调可持续发展的必由之路。现阶段,中国的发展方式仍相对粗放,经济结构中第二产业产值占国内生产总值比例偏重,资源、能源消耗量高位运行,能源消费结构中煤炭占比较高

（图1-14），资源、能源利用模式不尽合理，产生的污染物排放总量较大，导致生态环境高负荷承载，对生态环境的有害影响效应突出。

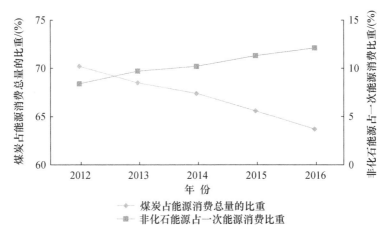

图 1-14　煤炭与非化石能源占能源消费总量比重

随着中国环境治理能力提升，主要水体污染物排放得到有效控制，化学需氧量、氨氮排放总量持续下降（图1-15），对水体环境的影响效应不断改善，地表水体质量呈改善趋势。应进一步优化水体污染物排放效应，在生态环境承载能力范围内，严格落实污染物排放总量控制，为水体环境质量全面改善创造有利条件。

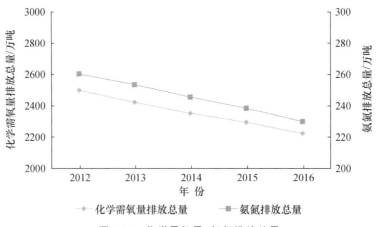

图 1-15　化学需氧量、氨氮排放总量

全国主要的大气污染物，二氧化硫、氮氧化物排放总量逐年降低。烟（粉）尘排放总量在经历了大幅增长后，尚未回归到2012年的排放水平（图1-16），此外，还有尚未纳入统计范围的挥发性有机物，因此，各类大气污染物排放总量巨大。

大气污染物对大气环境质量的负面影响效应较强,尤其在部分大城市,在不利于污染物扩散的气象条件下,雾霾等极端天气一触即发,成为民众反映强烈、制约民生改善的突出环境问题。

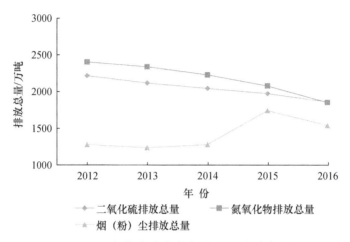

图 1-16 二氧化硫、氮氧化物、烟(粉)尘排放总量

固体废物处置不当,将成为潜在的土壤与水体环境污染源,生态环境影响效应恶劣。中国工业固体废物产生量不断上升,生活垃圾清运量也在急剧增长(图 1-17),且对它们的资源化利用水平较低,堆存与倾倒都将隐患重重,对中国固体废物处理能力形成极大考验。

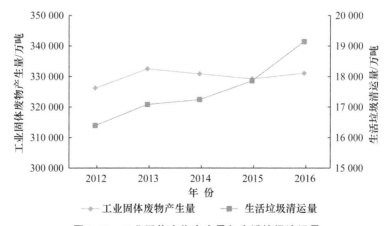

图 1-17 工业固体废物产生量与生活垃圾清运量

中国应以区域生态环境承载能力为依据,合理规划,优化国土空间开发格局,加强科技、制度创新,升级经济结构与能源消费结构,提高资源、能源利用水平,严

格落实清洁生产,减少污染物产生及排放,同时完善污染防治体系,从污染物排放总量控制与治理能力提升两方面入手,改善资源、能源消耗产生的污染物排放对生态环境的影响效应,实现经济社会发展绿色崛起。

2. 省份生态文明发展速度各有差异

中国整体生态文明建设态势向好,但各省份进展情况尚不均衡,大部分省份生态文明建设发展速度波动起伏,个别地区由于经济社会发展加速,资源、能源消耗量增加,导致生态环境压力上升,生态文明水平有下滑的风险。

生态文明发展指数(ECPI),是对各省份生态文明建设发展速度的综合性评价结果,由于采用相对评价的算法,结果只反映各省份 2016 年度生态文明总体发展速度的相对快慢,各省域只有在生态文明建设各领域都均衡发展,发展速度全面领先,ECPI 得分才能排名前列。根据完善后的评价方法及最新数据,测算出各省级行政区(未包含港澳台,下同)生态文明发展指数(ECPI 2016)(表 1-2)。

表 1-2　各省份生态文明发展指数(ECPI 2016)与二级指标得分及排名　　单位:分

排名	省份	ECPI 2016	生态保护	环境改善	资源节约	排放减害	指数等级
1	湖北	91.02	89.44	92.00	92.63	90.00	1
2	安徽	89.94	91.67	91.50	84.74	91.88	1
3	湖南	89.16	89.44	88.00	94.21	85.00	1
4	河北	88.93	78.33	99.50	87.89	90.00	1
5	新疆	88.69	82.78	92.00	90.00	90.00	1
6	山东	87.38	82.78	92.00	84.74	90.00	2
7	贵州	87.29	91.67	84.00	84.74	88.75	2
8	福建	87.21	91.67	88.50	83.68	85.00	2
9	内蒙古	86.61	87.22	90.00	74.21	95.00	2
10	河南	86.57	82.78	83.50	90.00	90.00	2
11	四川	86.56	89.44	90.00	83.68	83.13	2
12	宁夏	86.45	85.00	89.50	76.32	95.00	2
13	天津	86.20	89.44	83.50	90.00	81.88	2
14	广东	85.90	85.00	82.50	94.21	81.88	2
15	重庆	85.85	78.33	88.50	81.58	95.00	2
16	云南	85.72	87.22	77.50	93.16	85.00	2
17	广西	85.71	78.33	88.50	87.89	88.13	2
18	山西	85.57	85.00	91.00	73.16	93.13	2
19	浙江	85.55	89.44	88.00	84.74	80.00	2
20	江苏	85.15	85.00	86.00	92.11	77.50	3

（续表）

排名	省份	ECPI 2016	生态保护	环境改善	资源节约	排放减害	指数等级
21	陕西	85.12	85.00	86.00	79.47	90.00	3
22	黑龙江	84.44	87.22	90.50	83.16	76.88	3
23	吉林	84.04	91.67	79.50	90.00	75.00	3
24	甘肃	84.02	82.78	88.00	78.42	86.88	3
25	辽宁	83.98	87.22	90.00	83.68	75.00	3
26	上海	83.54	85.00	80.00	91.05	78.13	3
27	北京	83.30	82.78	78.50	86.32	85.63	3
28	青海	82.33	78.33	80.50	77.37	93.13	4
29	江西	80.60	78.33	82.00	88.95	73.13	4
30	海南	79.10	78.33	77.50	83.68	76.88	4
31	西藏	78.27	80.56	72.00	90.53	70.00	4

五省份组成第一等级,引领生态文明发展排行榜。2016 年度排名第一等级的五个省份,仅河北在 2015 年度排名居第一等级,其他四个省份,分别来自 2015 年度的第二、第三和第四等级。湖北、湖南、安徽资源、能源消耗产生的污染物排放对生态环境影响效应好转,环境质量改善,分别由 2015 年度排名第二、第三等级,跻身生态文明高速发展阵营。河北生态文明建设触底反弹,持续发力,继续保持了高速发展态势。河北与新疆主要得益于资源利用效率提升,资源消耗产生的污染物排放对生态环境影响效应缓解,环境质量已开始向好。

ECPI 2016 排名第二、第三等级的省份,区域性集中分布特征明显。排名第二等级的省份主要包括两片区域,分别是地处中北部的内蒙古、宁夏、山西、山东、天津、河南六省区,和浙江、福建、广东、广西东南四省区与西南四省四川、重庆、贵州、云南组成的八省片区。第三等级的八个省份,包括位于西北的陕西、甘肃二省,东南的上海、江苏,和黑龙江、吉林、辽宁东北三省,以及首都北京。生态文明建设迫切需要区域协同推进的战略。

生态文明基础较好的海南、江西和生态环境脆弱的青海、西藏,生态文明发展速度相对落后。这些省份经济社会发展需求迫切,资源、能源消耗量有继续增长的潜在动能,海南、青海、西藏资源开发强度上升,对生态环境压力加大,资源利用减量增效迫在眉睫。江西的自然保护区面积被大量调出,生物多样性保护面临风险。

各省份生态文明发展速度起伏波动,发展指数得分年度间排名变化较大(表1-3)。

教育部哲学社会科学系列发展报告
MOE Serial Reports on Developments in Humanities and Social Sciences

表 1-3   2014—2016 年各省份生态文明发展指数得分及排名变化   单位:分

地区	ECPI 2016		ECPI 2015		ECPI 2014	
	得分	排名	得分	排名	得分	排名
湖北	91.02	1	51.59	8	52.11	7
安徽	89.94	2	49.76	16	51.09	13
湖南	89.16	3	51.84	7	49.03	22
河北	88.93	4	53.84	3	51.23	12
新疆	88.69	5	45.56	30	43.93	31
山东	87.38	6	46.70	26	52.75	4
贵州	87.29	7	52.53	5	49.38	20
福建	87.21	8	47.71	24	48.12	25
内蒙古	86.61	9	50.39	13	50.74	15
河南	86.57	10	46.24	27	49.71	19
四川	86.56	11	54.19	2	49.35	21
宁夏	86.45	12	49.28	19	53.43	1
天津	86.20	13	52.75	4	46.77	28
广东	85.90	14	48.55	21	52.37	6
重庆	85.85	15	51.09	10	50.42	16
云南	85.72	16	50.75	12	47.52	26
广西	85.71	17	47.52	25	51.59	10
山西	85.57	18	52.47	6	52.55	5
浙江	85.55	19	50.14	14	52.96	3
江苏	85.15	20	50.91	11	52.08	8
陕西	85.12	21	50.09	15	50.20	18
黑龙江	84.44	22	49.47	18	48.37	23
吉林	84.04	23	48.08	23	51.66	9
甘肃	84.02	24	51.34	9	50.75	14
辽宁	83.98	25	45.56	30	53.07	2
上海	83.54	26	59.05	1	47.36	27
北京	83.30	27	46.14	28	51.35	11
青海	82.33	28	48.75	20	46.15	29
江西	80.60	29	48.26	22	50.39	17
海南	79.10	30	46.06	29	48.28	24
西藏	78.27	31	49.71	17	44.87	30

说明:ECPI 为相对分数,各省份 ECPI 2016 得分与 ECPI 2015、ECPI 2014 得分差异较大,是由于 2016 年度调整了 Z 分数赋予等级分的办法,ECPI 2015、ECPI 2014 计算过程中对各三级指标 Z 分数赋予−3～3 的等级分,而 ECPI 2016 计算过程中对各三级指标 Z 分数赋予 0～6 的等级分,详见本章第五节 ECPI 评价体系及算法完善。

二、各省份生态文明发展类型变化

生态文明发展指数(ECPI)是对各省份整体生态文明建设发展速度相对快慢的综合反映,有利于对总体发展态势的把握。课题组根据各省份年度间具体指标的原始数据的变化,计算出绝对发展速度,反映生态文明建设在各领域的实际成效(表1-4),但其易受到个别领域大幅变化的影响。

表 1-4   各省份生态文明建设发展速度   单位:%

排名	地区	整体发展速度	生态保护	环境改善	资源节约	排放减害
1	宁夏	17.02	−0.06	31.30	−8.66	45.49
2	新疆	11.17	0.23	8.07	16.69	19.68
3	内蒙古	9.35	−0.22	11.35	−6.61	32.89
4	重庆	8.94	−0.46	3.67	−6.46	39.01
5	河北	8.54	−0.56	8.40	11.26	15.05
6	山东	8.40	−0.28	7.12	2.30	24.45
7	河南	8.30	−0.37	2.49	0.92	30.15
8	山西	7.85	0.03	4.13	−8.01	35.26
9	安徽	7.83	0.17	5.93	3.68	21.52
10	湖北	7.23	0.49	5.18	0.80	22.46
11	湖南	6.74	0.60	3.71	6.24	16.42
12	云南	6.56	−0.19	0.09	4.43	21.93
13	福建	6.55	0.69	2.58	0.34	22.59
14	上海	5.95	0.04	0.60	6.66	16.48
15	陕西	5.80	0.06	2.57	−1.22	21.77
16	广西	5.62	−0.98	3.79	5.51	14.17
17	甘肃	5.59	−0.44	2.74	−3.12	23.17
18	北京	5.57	−0.33	−1.42	4.43	19.60
19	广东	5.45	−0.07	1.65	7.15	13.05
20	贵州	5.37	1.33	3.36	1.69	15.10
21	四川	4.49	0.64	2.15	−3.81	18.96
22	青海	4.20	−1.25	1.61	−10.56	26.98
23	江苏	3.70	0.11	0.13	8.73	5.84
24	浙江	3.58	0.05	2.39	5.12	6.74
25	黑龙江	2.28	−0.02	5.59	−2.32	5.87
26	天津	1.90	0.92	0.88	2.06	3.72

（续表）

排名	地区	整体发展速度	生态保护	环境改善	资源节约	排放减害
27	江西	1.86	−1.37	1.55	5.76	1.50
28	吉林	1.11	0.81	3.77	−1.65	1.52
29	辽宁	0.82	0.17	1.16	0.00	1.96
30	西藏	−1.44	−0.59	−3.85	8.02	−9.33
31	海南	−3.59	−1.94	−1.37	−15.44	4.39

2016 年度,西藏和海南生态文明水平有所下滑,由于经济社会发展带来资源、能源开发强度上升,且资源、能源消耗后产生的污染物排放,导致了生态环境压力增加。

课题组根据各省份生态文明发展速度和生态文明水平(GECI 2016)的平均值和标准差,划分省份生态文明建设发展类型。以生态文明水平和发展速度的平均值为"基准线",兼顾到处于中游的省份分布较为集中、差别小的现实情况,在"基准线"的上下左右两侧各自浮动 0.2 倍标准差距离,其中区域为缓冲区,区域内的省份发展类型为中间型。其余省份,依据它们的生态文明水平和发展速度所处的位置,分别高于(或低于)平均值 0.2 倍标准差,划分领跑型、追赶型、前滞型、后滞型四种类型。各省份近三年的生态文明建设发展类型,见表 1-5。

表 1-5 省份生态文明建设发展类型

类型	领跑型（相对水平较高,发展速度较快）	追赶型（相对水平偏低,发展速度较快）	前滞型（相对水平较高,发展速度偏慢）	后滞型（相对水平偏低,发展速度偏慢）	中间型（水平或速度都接近于平均值）
2016 年	重庆、云南、福建、湖南	新疆、内蒙古、安徽、湖北、山东、山西、河南、宁夏、河北	西藏、海南、江西、浙江、青海、四川	辽宁、江苏、天津	广东、广西、北京、贵州、吉林、黑龙江、上海、陕西、甘肃
2015 年	四川、云南	河北、内蒙古、山西、上海、天津	北京、广东、广西、海南、江西	河南、宁夏、山东、新疆	福建、黑龙江、湖南、青海、西藏、贵州、重庆、浙江、吉林、辽宁、安徽、甘肃、湖北、江苏、陕西
2014 年	广东、广西、江西、辽宁、浙江	甘肃、江苏、宁夏、山东、山西	福建、海南、黑龙江、湖南、四川、西藏、云南	上海、天津	安徽、河北、河南、湖北、吉林、青海、陕西、北京、内蒙古、贵州、重庆、新疆

　　类型变化显示,2015年度中间型省份重庆经过长期发展,水平进一步提升,跻身为领跑型,福建、湖南生态文明水平相对领先,发展加速也成为领跑型省份。追赶型的省份,内蒙古、山西、河北类型没有发生变化,新疆、山东、河南、宁夏与安徽、湖北生态文明建设发展提速,分别从后滞型、中间型转变为追赶型省份。前滞型省份,海南和江西发展类型保持稳定,浙江生态文明基础进一步夯实,西藏、青海生态文明基础较好,发展速度放缓,由中间型转变为前滞型,四川生态文明建设一度领跑,速度回落后,也进入前滞型。后滞型省份中,天津生态文明基础薄弱,发展速度回落,近三年内两度成为后滞型省份,辽宁、江苏生态文明基础一般,发展速度不高,也成为后滞型。中间型省份相对较多,其中贵州、吉林、黑龙江、陕西、甘肃类型未变,广东、广西和北京生态文明建设优势缩小,发展速度有所回升,由前滞型转变为中间型,上海生态文明发展速度回调,由追赶型进入中间型。

三、全国生态文明建设发展速度企稳回升

　　对近年全国生态文明发展速度变化情况的分析,检验其是在加速、匀速还是减速发展,有利于探寻生态文明发展态势,进而发现影响生态文明建设的主要驱动因素。分析显示,2016年度全国生态文明发展速度恢复加速势头,扭转前两年生态文明减速发展的局面(表1-6)。

表1-6　2016年全国生态文明发展速度变化情况　　　　单位:%

	发展速度变化率	生态保护	环境改善	资源节约	排放减害
全国	0.71	−0.44	−2.31	1.95	3.64

　　具体在各考察领域,由于中国城镇化加速,城乡绿化建设未能及时配套跟进,生态保护发展速度下降。资源利用效率加速提升,但资源综合循环利用仍有较大改进空间。资源、能源消耗后产生污染物排放对生态环境的影响效应加速改善,但由于生态环境长期超负荷承载,要实现环境质量彻底改善的目标,还需前赴后继、持续发力。

　　ECPI进步率与各二级指标的相关性程度,由高到低依次是:资源节约、环境改善、排放减害、生态保护。环境改善和排放减害进步率与ECPI进步率的相关性由前两年的显著相关转变为相关性不显著。与此同时,资源节约进步率与ECPI进步率近三年的相关性为显著相关、不显著相关、高度相关。ECPI进步率与三级指标相关分析,结果显示仅资源节约二级指标下的城市水资源重复利用提高率与之高度相关,其余相关性均不显著。因此通过控制资源节约二级指标下的城市水资源重复利用提高率做了指标间的偏相关分析(表1-7)。

表 1-7　ECPI 与二级指标发展速度变化相关性

	生态保护	环境改善	资源节约	排放减害
ECPI 2016（控制城市水资源重复利用提高率）	0.277	0.862**	0.338	0.734**
ECPI 2016	0.048	0.261	0.953**	0.223
ECPI 2015	0.188	0.867**	0.322	0.814**
ECPI 2014	0.347	0.586**	0.438*	0.887**

四、与 OECD 国家比较，中国生态文明水平落后，发展速度上游

中国与 OECD 国家的生态文明建设情况进行比较，以更好地把握中国生态文明建设的现状及发展方向。基于可获得的最新数据，评价结果显示，中国位居三十五个国家的最后一位，整体得分为 35.08，与三十四个 OECD 国家的平均水平（48.86）有超过 10 分的差距，生态文明水平不容乐观（表 1-8）。

表 1-8　中国与 OECD 国家生态文明指数（IECI 2016）得分及排名

国家	生态保护		环境改善		资源节约		排放优化		IECI		
	得分	排名	得分	排名	得分	排名	得分	排名	得分	排名	等级
瑞典	14.04	13	20.80	3	10.92	9	13.01	3	58.77	1	1
丹麦	13.26	16	19.24	5	15.60	1	9.60	16	57.70	2	1
澳大利亚	15.41	10	23.40	1	8.84	22	9.31	17	56.95	3	1
奥地利	18.33	3	15.08	15	11.44	6	11.21	9	56.06	4	1
卢森堡	18.33	3	13.26	25	14.04	4	10.20	14	55.83	5	1
瑞士	14.04	13	13.78	20	15.60	1	11.20	10	54.62	6	1
斯洛伐克	17.16	6	14.82	16	10.92	9	11.40	8	54.30	7	1
挪威	11.70	24	17.42	8	11.44	6	13.61	2	54.17	8	1
芬兰	15.21	11	19.24	5	6.24	30	12.61	6	53.30	9	2
斯洛文尼亚	21.06	1	12.74	27	7.80	25	11.20	11	52.80	10	2
新西兰	18.33	3	16.90	9	7.80	25	9.10	19	52.13	11	2
捷克	16.77	7	16.38	10	9.88	17	9.01	21	52.04	12	2
爱沙尼亚	16.77	7	16.12	12	6.24	30	12.00	7	51.13	13	2
德国	18.72	2	13.78	20	10.40	13	7.80	29	50.70	14	2
匈牙利	13.26	16	15.34	13	7.80	25	13.01	5	49.41	15	2
加拿大	13.46	15	19.50	4	6.24	30	9.81	15	49.00	16	2
冰岛	7.80	35	21.84	2	3.64	35	14.41	1	47.69	17	3
爱尔兰	8.97	34	11.70	32	15.60	1	10.80	12	47.07	18	3
西班牙	11.70	24	16.38	10	9.36	18	9.01	21	46.45	19	3

（续表）

国家	生态保护		环境改善		资源节约		排放优化		IECI		
	得分	排名	得分	排名	得分	排名	得分	排名	得分	排名	等级
英国	11.70	24	12.74	27	14.04	4	7.80	29	46.28	20	3
荷兰	13.26	16	14.30	19	10.40	13	7.80	29	45.76	21	3
法国	13.26	16	13.78	20	10.40	13	8.20	27	45.64	22	3
葡萄牙	11.90	23	15.34	13	9.36	18	8.80	25	45.40	23	3
智利	11.70	24	12.22	30	8.32	24	13.01	3	45.25	24	3
波兰	15.99	9	12.22	30	7.80	25	9.01	21	45.02	25	3
美国	12.87	21	17.68	7	7.80	25	6.20	35	44.55	26	3
日本	13.07	20	13.78	20	10.40	13	7.10	34	44.35	27	3
以色列	9.36	33	14.82	16	11.44	6	8.10	28	43.72	28	3
比利时	14.43	12	12.74	27	8.84	22	7.60	32	43.61	29	3
希腊	10.53	30	14.56	18	9.36	19	9.10	19	43.55	30	3
墨西哥	11.70	24	13.52	24	9.36	18	8.60	26	43.18	31	3
意大利	11.70	24	11.70	32	10.92	9	8.80	24	43.12	32	3
土耳其	10.14	32	11.18	34	10.92	9	10.21	13	42.45	33	4
韩国	12.48	22	13.26	25	6.24	30	7.20	33	39.18	34	4
中国	10.53	30	9.10	35	6.24	30	9.21	18	35.08	35	4

生态文明建设发展速度方面,中国相对领先,位居第七位,整体得分为 52.89,超过三十五个国家的平均水平(50.54),处于第二等级,整体位于中等偏上位置(表 1-9)。

表 1-9　中国与 OECD 国家生态文明发展指数(IECPI 2016)得分及排名

国家	生态保护		环境改善		资源节约		排放优化		IECPI		
	得分	排名	得分	排名	得分	排名	得分	排名	得分	排名	等级
智利	62.45	2	58.87	2	58.80	7	50.93	14	58.34	1	1
爱尔兰	61.80	3	50.35	19	69.51	1	48.61	18	57.27	2	1
爱沙尼亚	59.39	7	46.51	29	64.91	2	56.76	6	56.10	3	1
冰岛	64.12	1	41.58	33	64.04	3	47.72	21	54.06	4	1
丹麦	49.20	24	56.40	3	51.23	19	59.95	3	53.91	5	1
墨西哥	55.54	10	55.83	6	51.74	18	46.96	23	53.15	6	2
中国	49.64	22	60.97	1	59.49	6	39.07	35	52.89	7	2
新西兰	57.54	8	55.91	5	52.76	13	40.22	33	52.63	8	2
波兰	52.87	14	52.06	13	52.52	14	52.81	8	52.55	9	2
斯洛文尼亚	59.56	6	42.33	32	46.72	24	62.36	2	52.39	10	2
捷克	46.47	25	50.08	20	60.37	5	55.12	7	52.06	11	2
英国	61.01	4	47.78	26	50.08	21	46.93	25	52.04	12	2
荷兰	50.22	18	55.13	7	52.29	15	49.33	17	51.93	13	2

（续表）

国家	生态保护		环境改善		资源节约		排放优化		IECPI		
	得分	排名	得分	排名	得分	排名	得分	排名	得分	排名	等级
以色列	54.89	11	49.75	21	53.89	10	46.58	26	51.49	14	2
斯洛伐克	49.99	19	50.67	18	55.96	8	49.95	16	51.38	15	2
法国	55.75	9	50.75	17	44.92	27	52.13	12	51.36	16	2
比利时	49.89	20	54.31	9	47.91	23	52.30	10	51.30	17	2
匈牙利	54.83	12	51.25	15	43.59	28	52.70	9	51.08	18	2
芬兰	42.51	34	47.17	28	52.14	16	65.48	1	50.43	19	3
加拿大	46.22	26	56.21	4	53.53	11	44.38	30	50.31	20	3
瑞士	52.37	15	48.70	22	51.94	17	47.21	22	50.15	21	3
韩国	51.85	17	46.32	30	52.76	12	48.57	19	49.72	22	3
澳大利亚	60.37	5	52.18	11	36.29	34	42.75	32	49.57	23	3
美国	42.74	33	54.94	8	54.10	9	46.93	24	49.51	24	3
卢森堡	43.44	30	43.47	31	61.22	4	50.29	15	48.37	25	3
西班牙	49.41	23	52.17	12	42.67	30	44.74	29	47.95	26	3
希腊	52.07	16	53.77	10	31.47	35	47.78	20	47.60	27	3
奥地利	43.33	31	51.97	14	42.77	29	52.20	11	47.58	28	3
德国	45.95	27	50.95	16	45.16	26	45.61	27	47.22	29	3
土耳其	49.79	21	48.69	23	48.31	22	39.99	34	47.20	30	3
日本	42.89	32	47.26	27	50.53	20	44.87	28	46.13	31	4
意大利	54.35	13	32.02	35	40.51	31	59.48	4	45.91	32	4
葡萄牙	44.88	28	48.14	25	37.12	33	51.13	13	45.56	33	4
瑞典	41.83	35	38.25	34	46.55	25	57.88	5	44.91	34	4
挪威	44.85	29	48.59	24	40.21	32	43.38	31	44.75	35	4

　　具体从四个考察领域来看,中国在生态保护上稳步前进,环境改善和资源节约方面的发展速度最为突出,而排放优化速度仍然落后,存在隐忧,不容盲目乐观。

　　未来,中国与先进国家的经济差距将不断缩小,但由于排放效应改善掉队,生态、环境差距还在进一步拉大。要实现国内生态、环境的根本好转,尽快转变传统工业文明发展方式,加强生产、生活方式绿色转型,优化污染物排放对生态、环境的影响效应已迫在眉睫。

五、ECPI 评价体系及算法完善

　　良好的生态环境是最公平的公共产品,最普惠的民生福祉。党的十八大以来,在深刻总结人类文明发展规律基础上,把生态文明建设纳入中国特色社会主义事业"五位一体"总体布局,建设生态文明成为中国特色社会主义建设基本方略之一,是实现中华民族永续发展的千年大计。各级政府相继出台一系列政策措施予以推进,各类生态文明建设试点示范区如雨后春笋般出现,但生态文明建设的实际效果如何,有待于进一步评价检验。

(一) ECPI 评价体系

1. 生态文明发展评价设计思路

工业文明以来,人类经济社会获得快速发展,但也遭遇了资源过度消耗、环境污染严重、生态系统退化等严峻挑战,这已逐步升级成为全人类共同面临的生存危机。首先,究其根源,人类追求经济社会发展的无尽需求与自然生态系统有限承载能力之间的矛盾,是引发这一系列危机的根本原因。正所谓"天育物有时,地生财有限,而人之欲无极"。人类自诞生以来,就从自然生态系统中获取资源,满足生存发展之需,并将资源消耗产生的废弃物排放到生态环境中。随着人类改造自然能力增强,人口规模扩张,部分地区对自然资源的需求已超出其持续供给能力,形成的污染物排放不断加重生态环境承载负荷,人类经济社会发展与自然生态系统的矛盾日渐突出。

其次,人类社会发展进程中,对资源、能源的开发、利用方式不尽合理,是生态危机发生的直接原因。传统的工业化发展模式下,经济增长过度依赖于自然资源投入驱动,为维系经济的繁荣,人类社会对自然资源的需求量节节攀升,同时资源、能源利用方式相对粗放,综合循环使用水平不高,利用效率较低,资源消耗产生的废弃物未能物尽其用,直接转变成了环境污染物,导致自然资源开发强度与污染物排放强度都在高位运行,而生态环境治理能力又较为薄弱,自然生态系统必然不堪重负。

此外,制度、观念层面存在的局限性,对于生态危机的发生也难辞其咎。现行的制度体系及主流社会价值观,无不残存着工业文明时代的印记,人与自然的关系被二元分割、对立,人类自我标榜为自然的主人,自然只是供人类改造利用的工具与对象,支撑人类社会运行的基本要素。因此,人类能够为自然界立法,出于自身的目的可以肆意地支配自然,自然规律须屈从于社会规律甚至经济规律。尤其,私有制的普遍存在以及市场经济大行其道,经济增长成为人们竞相追逐的唯一目标,各个利益集团都在为实现自身利益最大化不遗余力,团体或个人局部的短期利益超越了人类整体的长远利益。这种观念、制度的原罪,使得生态环境保护与经济发展相互对立,助长了以牺牲生态、环境、资源为代价的经济发展模式,人类生存所必需的良好环境、可持续利用的资源和健康的生态系统作为公共产品,却无人问津,沦为公地的悲剧。

生态文明是人与自然和谐双赢的文明。中国提出了生态文明建设的发展战略,其目标是要保持经济社会持续稳定发展,实现生态系统健康、环境质量良好、

资源可永续利用。此处环境、资源均特指自然环境和自然资源,生态系统与环境、资源三者之间相互关联,彼此依存,荣损与共。

生态系统是各种生命支撑系统,各种生物之间物质循环、能量流动和信息交换形成的统一整体,人类社会及其活动只是生态系统的一个有机组成部分。对于人类而言,环境是指生态系统中,直接支撑人类作为生物体生存所必需的物质条件,如清新的空气、干净的水源等。资源则是取之于生态系统,支撑人类生产、生活的能源和材料,其种类和数量都受制于人类所掌握并能加以利用的技术条件。

生态系统与环境、资源具有"一体两用"的关系。生态系统为"体",是包括了自然界所有事物的全体、自然本体。环境和资源则是人类出于生存和发展需要对生态系统的两种用途,环境是生态系统为人类提供的生存之境,资源是人类通过科技手段对生态系统加以利用,维系社会存在与发展的要素。其中,生态系统具有基础性的地位和作用,离开了生态系统的支撑,环境和资源都必然成为无源之水、无本之木。

当前中国生态环境领域问题突出,生态文明建设的主要任务,应加大生态保护与建设力度,增强生态系统活力;合理开发利用资源、能源,优化资源、能源消耗对生态环境的影响效应;提升环境治理能力,改善环境质量,尽快补齐生态环境短板。当然,推进生态文明建设是一项复杂的系统性工程,还需涉及观念、制度层面的根本变革,不断提高公众生态文明意识,在全社会树立起生态文明理念,完善制度设计,为生态文明建设提供可靠保障。(中国生态文明建设主要任务见图 1-18。)

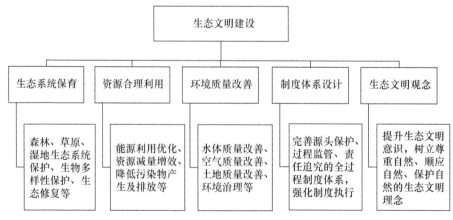

图 1-18　中国生态文明建设主要任务

2. ECPI 框架体系设计

关于生态文明建设成效的评价,应遵循生态文明建设的任务,而生态文明制度建设及观念树立两项保障性任务不易量化,且最终效果能反映到目标任务完成情况上来,因此,以生态文明建设的目标,实现生态系统健康、环境质量良好、资源可永续利用为导向,从生态保护、环境改善、资源节约和排放减害四个方面,根据权威数据可得性,选取具体指标,构建中国生态文明发展指数评价指标体系(表1-10,具体指标解释及指标数据来源详见附录一),检验中国推进生态文明建设的实际效果。

表 1-10　生态文明发展指数(ECPI 2016)评价指标体系①

一级指标	二级指标	三级指标	指标解释	指标性质
生态文明发展指数(ECPI 2016)	生态保护	森林面积增长率	考察森林覆盖率年度提高比例	正指标
		森林质量提高率	关注单位森林面积的蓄积量年度增长率	正指标
		自然保护区面积增加率	评价自然保护区面积年度增加率	正指标
		建成区绿化覆盖增加率	评估城市建成区中,乔木、灌木、草坪等所有植被的垂直投影面积占建成区总面积比例的年度上升率	正指标
		湿地资源增长率	评价湿地资源面积的年度增加率	正指标
	环境改善	空气质量改善	评估环保重点城市空气质量达到及好于二级的平均天数提高比例	正指标
		地表水体质量改善	考察主要河流Ⅰ～Ⅲ类水质河长比例增加率	正指标
		化肥施用合理化	单位农作物播种面积化肥施用量的下降比例	正指标
		农药施用合理化	单位农作物播种面积农药施用量的下降比例	正指标
		城市生活垃圾无害化提高率	生活垃圾无害化处理量所占生活垃圾产生量比例的年度提高率	正指标
		农村卫生厕所普及提高率	考察行政区域内使用卫生厕所的农村人口数占辖区内农村人口总数比例的年度增加率	正指标

---

① 具体指标解释与数据来源见附录一所示。

（续表）

一级 指标	二级 指标	三级指标	指标解释	指标性质
生态文明 发展指数 （ECPI 2016）	资源节约	万元地区生产总值能耗降低率	每生产1万元国内生产总值所消耗能源的下降率	正指标
		水资源开发强度优化	用水总量占水资源总量比例的年度降低率	正指标
		工业固体废物综合利用提高率	通过回收、加工、循环、交换等方式，从固体废物中提取或者使其转化为可以利用的资源、能源和其他原材料的固体废物量，占固体废物产生量比例的年度提高率	正指标
		城市水资源重复利用提高率	城市水资源重复利用比例的年度上升率	正指标
	排放减害	化学需氧量排放效应优化	化学需氧量排放量与辖区内Ⅰ～Ⅲ类水质河流长度比值的年度降低率	正指标
		氨氮排放效应优化	氨氮排放量与辖区内Ⅰ～Ⅲ类水质河流长度比值的年度下降率	正指标
		二氧化硫排放效应优化	二氧化硫排放量与辖区面积和空气质量达到及好于二级天数比例的比值年度下降率	正指标
		氮氧化物排放效应优化	氮氧化物排放量与辖区面积和空气质量达到及好于二级天数比例的比值年度下降率	正指标
		烟（粉）尘排放效应优化	烟（粉）尘排放量与辖区面积和空气质量达到及好于二级天数比例的比值年度下降率	正指标

（1）生态保护与建设是实现生态文明的基础。

生态保护二级指标，沿袭对森林生态建设、生物多样性保护、城市生态绿化和湿地生态保护四个方面的考察。湿地被誉为"地球之肾"，其生态效益不可低估。鉴于目前湿地资源保护与经济社会发展矛盾尖锐，存在功能减退、面积萎缩等问题的现状，尽管由于其调查统计困难，数据获得时效性相对较差，但为突显它的重要性，仍纳入了评价范围。

（2）环境质量根本改善是生态文明建设的直接目标。

环境改善二级指标，继续评价分析大气、水体、土地环境质量的变化态势。具体三级指标选取与2015年度基本保持稳定，但空气质量改善指标使用数据全面性提高。随着全国环境监测体系不断健全，按照新《环境空气质量标准》监测发布数据的城市范围,已由京津冀、长三角、珠三角区域及直辖市、省会城市和计划单列市等 74 个城市,扩大为 113 个环保重点城市。各省份空气质量数据,采用了当地下辖环保重点城市空气质量达到及好于二级天数的平均值,相对更客观、准确。

(3) 资源节约合理使用是当前生态文明建设的重要抓手。

资源节约二级指标,在考察资源合理开发利用,推进减量增效情况的同时,开始将当地资源承载能力引入分析。万元地区生产总值用水消耗降低率升级为水资源开发强度优化,反映水资源消耗与实际资源承载能力的关系,促进资源合理开发、使用。

(4) 排放减害是生态文明建设的必由之路。

由于缺少国家权威发布、时效性较强的土地环境质量数据,排放减害二级指标,暂时只评价水体污染物排放对水体环境的影响效应和大气污染物排放对大气环境的影响效应走势。

此外,还有部分生态文明建设需重点关注的领域,由于缺乏权威数据支撑,未能一并纳入评价、分析。如,反映资源综合循环利用状况的指标依然空缺,雾霾元凶之一的挥发性有机物(VOCs),尚没有列入国家总量减排的控制范围,监测体系亟待完善,土地环境质量也缺少及时动态的数据发布。2016 年度,空气质量改善采用环保重点城市数据,全面性较以往提升,但新的空气质量标准监测范围离实现全国所有地级以上城市全覆盖还有不小差距。这些情况都可能对最终评价、分析结果准确性产生影响。待相关权威数据完善后,再调整优化评价体系,使之更为科学、合理。

3. ECPI 评价及分析方法

由于生态文明建设目标一时难以量化,生态文明发展评价采用了相对评价的算法,依据各省份每项具体指标数据的高低排序,经 Z 分数方式处理,加权求和,转换为 T 分数,计算出各省份生态文明发展指数。生态文明发展指数(ECPI)得分排名靠前的省份,只表明其各方面整体发展速度相对领先,并不能反映其实际生态文明水平的优劣。为更全面展现中国生态文明建设现状,检验取得成效,探寻发展态势,发现推动生态文明进步的主要影响因素,在评价结果基础上,还进一步展开了等级分析、发展速度分析、进步率分析、相关性分析和聚类分析。

(二) 相对评价算法

ECPI 2016 得分采用统一的 Z 分数(标准分数)方式,将各三级指标原始数据转换为 Z 分数,并根据各指标权重分配,加权求和,计算出二级指标和一级指标的 Z 分数,最后将 Z 分数转换为 T 分数,反映各省份整体生态文明建设发展状况。

1. 数据标准化

通过统一的 Z 分数（标准分数）处理方式，对三级指标原始数据进行无量纲化，以避免数据过度离散可能产生的误差。

具体依据各三级指标原始数据的平均值和标准差，将距离平均值 3 倍标准差以上的数据视为可疑数据，予以剔除。确保剩下的数据在 3 倍标准差以内（$-3<\sigma<3$，分布在平均值上下 3 倍标准差以内的数据占整体数据的 99.73%）。

2. 特殊值处理

国家权威部门统一发布的数据中，个别省份部分年度存在数据缺失情况，ECPI 评价中的处理办法是赋予其平均 Z 分数。如，2015—2016 年数据，上海的城市水资源重复利用提高率指标，西藏的城市生活垃圾无害化提高率、农村卫生厕所普及提高率、万元地区生产总值能耗降低率、城市水资源重复利用提高率等指标数据缺失，对应指标的 Z 分数直接赋予 3.5 分。

个别省份的部分指标原始数据，出现极大或极小的情况，与其他省份都不在一个数量等级，以致整个指标数据序列的离散度较大，由此计算出的标准差和平均值都可能有失偏颇。评价中为真实表现数据分布特性，平衡数据整体，在标准化时直接剔除这种极端值，将该指标大于平均值 3 倍标准差的省份直接赋予 6 分，低于平均值 3 倍标准差以下的省份直接赋予 1 分。

3. 评价指标体系的权重分配

在广泛征求专家意见基础上，经课题组反复讨论，ECPI 二级指标权重分配确定为，生态保护、环境改善、资源节约、排放优化权重均等，各占 25%。

三级指标权重确定，利用了德尔菲法（Delphi Method）。选取 50 余位生态文明相关研究领域专家，发放加权专家咨询表，请专家独立判断各三级指标重要性，并分别赋予 5、4、3、2、1 的权重分，最后由课题组统计整理得出各三级指标的权重分与权重。2016 年度各级指标权重分配见表 1-11。

4. 计算二级指标、一级指标 Z 分数

根据三级指标 Z 分数及相应权重，加权求和，即可计算出对应二级指标和一级指标的 Z 分数。

5. 计算 ECPI 及二级指标发展指数得分

二级指标与一级指标 Z 分数转换为 T 分数：

$$T = 10 \times Z + 50$$

T 分数即为相应二级指标发展指数与 ECPI 得分。Z 分数转换 T 分数的处理，可以消除负数，放大各省得分的差异，便于本研究后续的分析和理解。

表 1-11　生态文明发展指数(ECPI 2016)评价体系指标权重

一级指标	二级指标	二级指标权重/(%)	三级指标	三级指标权重分	三级指标权重/(%)
生态文明发展指数(ECPI 2016)	生态保护	25	森林面积增长率	3	4.17
			森林质量提高率	3	4.17
			自然保护区面积增加率	4	5.56
			建成区绿化覆盖增加率	4	5.56
			湿地资源增长率	4	5.56
	环境改善	25	空气质量改善	3	3.75
			地表水体质量改善	3	3.75
			化肥施用合理化	4	5.00
			农药施用合理化	4	5.00
			城市生活垃圾无害化提高率	3	3.75
			农村卫生厕所普及提高率	3	3.75
	资源节约	25	万元地区生产总值能耗降低率	6	7.89
			水资源开发强度优化	4	5.26
			工业固体废物综合利用提高率	5	6.58
			城市水资源重复利用提高率	4	5.26
	排放减害	25	化学需氧量排放效应优化	4	6.25
			氨氮排放效应优化	4	6.25
			二氧化硫排放效应优化	2	3.13
			氮氧化物排放效应优化	3	4.69
			烟(粉)尘排放效应优化	3	4.69

(三) 分析方法

为克服相对评价算法的不足,在评价结果基础之上,结合 2013、2014、2015 年度各三级指标原始数据,进行了等级分析、发展速度分析、进步率分析、相关性分析和聚类分析。

1. 等级分析

部分省份间 ECPI 或二级指标发展指数得分差距甚微,但排名却又分出高下。为缓和省份间差异,根据各省份 ECPI 或二级指标发展指数得分的平均值和标准差,可将它们分为四个等级。其中,得分超过平均值以上 1 倍标准差的省份为第一等级;得分低于平均值 1 倍标准差以下的省份列第四等级;另外,得分高于平均值,但不足 1 倍标准差的省份居第二等级;最后,其余得分低于平均值,且相差未超过 1 倍标准差的省份,排在第三等级。

2. 发展速度分析

ECPI 是相对评价的结果,其得分反映各省整体发展速度的相对快慢,并未体现出实际发展水平究竟是进步还是下滑。而三级指标原始数据本身为变化率,反映年度间变化情况。根据三级指标原始数据,直接按照对应指标权重,进行加权求和,得到二级指标和总体生态文明发展速度,能够更确切地反映各地生态文明建设的推进情况。发展速度为正值,表明当地生态文明建设取得进步,反之则有退步。

3. 进步率分析

通过对 2015 和 2016 年度各地生态文明发展速度变化情况的分析,检验其发展是在加速、匀速还是减速,有利于探寻生态文明发展态势,进而发现影响生态文明建设的主要驱动因素。

三级指标发展速度进步率的计算方法,直接由后一年度发展速度减去前一年度发展速度。二级指标发展速度进步率则由对应各三级指标发展速度进步率加权求和得出。最终,二级指标发展速度进步率加权求和,可算出整体生态文明发展速度进步率。

计算结果,进步率为正值,表明生态文明在加速发展;进步率为负值,则表示生态文明发展速度回落。

4. 相关性分析

ECPI 2016 是多指标综合评价的结果,评价体系的指标间相互影响、相互联系。为探寻影响生态文明发展速度的主要因素,明确未来生态文明建设的重点、难点,课题组采用皮尔逊(Pearson)积差相关,选择可信度较高的双尾(又称为双侧检验:Two-tailed)检验方法,利用 SPSS 软件对各级指标数据进行了相关性分析。

5. 聚类分析

各省份生态文明发展的类型分析,综合考虑了其发展速度与生态文明水平(GECI 2016)[①]两个维度的情况。其中,特征明显的省份,分为领跑型、追赶型、前滞型、后滞型四种类型,其余省份为中间型。

基于各省份生态文明发展速度和 GECI 2016 得分的平均值和标准差划分发展类型。以生态文明水平和发展速度的平均值为"基准线",兼顾处于中游的省份分布较为集中、差别小的现实情况,在"基准线"的上下左右两侧各自浮动 0.2 倍标准差距离,其中区域为缓冲区,区域内的省份发展类型为中间型。其余省份,依据它们的生态文明水平和发展速度所处的位置,分别高于(或低于)平均值 0.2 倍标准差,划分领跑型、追赶型、前滞型、后滞型四种类型。

① 2016 年各省绿色生态文明指数(GECI 2016)数据来源:严耕等著.中国省域生态文明建设评价报告(ECI 2016).北京:社会科学文献出版社,2017.

第二章　各省份生态文明发展的类型分析

生态文明发展类型重点研究的是各省份生态文明的发展状况,但各省份的发展状况是与其基础水平密切相关的,不可忽略其生态文明的基础水平而孤立地谈发展。本章主要结合各省份生态文明的基础水平和发展速度,将三十一个省份分成了领跑型、追赶型、前滞型、后滞型和中间型五个类型。在划分类型的基础上,深入探讨各省份二级指标和三级指标的具体表现,分析各自生态文明发展过程中取得的成绩和存在的问题,从而更有针对性地为各省份生态文明发展提供政策建议。

一、生态文明发展类型的划分

生态文明发展类型是根据各省份生态文明建设的基础水平和发展速度的得分来进行划分的。生态文明建设的基础水平使用绿色生态文明指数[①](GECI 2016)表示,生态文明发展速度使用 2016 年相对于 2015 年的总体进步率表示。表 2-1 为各省份生态文明建设的基础水平和发展速度得分、等级和类型。

表 2-1　各省份生态文明建设的基础水平和发展速度得分、等级及类型

省份	基础水平	基础水平等级分	发展速度	发展速度等级分	等级分组合	类型
重庆	66.00	3	8.94	3	3-3	领跑型
云南	64.65	3	6.56	3	3-3	领跑型
福建	63.35	3	6.55	3	3-3	领跑型
湖南	61.05	3	6.74	3	3-3	领跑型
新疆	54.95	1	11.17	3	1-3	追赶型
内蒙古	54.65	1	9.35	3	1-3	追赶型
安徽	53.35	1	7.83	3	1-3	追赶型
湖北	52.80	1	7.23	3	1-3	追赶型

---

① 绿色生态文明指数(GECI)包括生态活力、环境质量和协调程度三个领域,表示的是某地区某一年的生态文明建设水平。GECI 的具体算法和解释参见本课题组 2016 年的最新成果《中国省域生态文明建设评价报告(ECI 2016)》。

（续表）

省份	基础水平	基础水平等级分	发展速度	发展速度等级分	等级分组合	类型
山东	50.50	1	8.40	3	1-3	追赶型
山西	48.95	1	7.85	3	1-3	追赶型
河南	48.00	1	8.30	3	1-3	追赶型
宁夏	46.75	1	17.02	3	1-3	追赶型
河北	43.45	1	8.54	3	1-3	追赶型
西藏	68.45	3	−1.44	1	3-1	前滞型
海南	64.25	3	−3.59	1	3-1	前滞型
江西	62.50	3	1.86	1	3-1	前滞型
浙江	61.70	3	3.58	1	3-1	前滞型
青海	61.60	3	4.20	1	3-1	前滞型
四川	60.20	3	4.49	1	3-1	前滞型
辽宁	55.45	1	0.82	1	1-3	后滞型
江苏	53.85	1	3.70	1	1-1	后滞型
天津	48.70	1	1.90	1	1-1	后滞型
广东	67.25	3	5.45	2	3-2	中间型
广西	63.70	3	5.62	2	3-2	中间型
北京	63.30	3	5.57	2	3-2	中间型
贵州	59.20	3	5.37	2	3-2	中间型
吉林	57.45	2	1.11	1	2-1	中间型
黑龙江	56.90	2	2.28	1	2-1	中间型
上海	55.90	2	5.95	2	2-2	中间型
陕西	55.55	1	5.80	2	1-2	中间型
甘肃	47.50	1	5.59	2	1-2	中间型

说明:基础水平的上下分界线为58.50和55.82;发展速度的上下分界线为6.35和4.79。

由表2-1和图2-1可知,领跑型包括重庆、云南、福建和湖南四个省份;追赶型有新疆、内蒙古、安徽、湖北、山东、山西、河南、宁夏和河北九个省份;前滞型包括西藏、海南、江西、浙江、青海和四川六个省份;后滞型包括辽宁、江苏和天津三个省份;中间型包括广东、广西、北京、贵州、吉林、黑龙江、上海、陕西和甘肃九个省份。

各省份生态文明发展类型具体划分规则和命名过程如下:

1. 计算分类所需的基础值

计算各省份的绿色生态文明指数、总体进步率以及各自的平均值和标准差。

2. 确立分界线和划分等级

将各省份生态文明建设的基础水平和发展速度的得分按照"平均值＋0.2 个标准差、平均值－0.2 个标准差"分为三个等级,即指标得分大于"平均值＋0.2 个标准差"的省份为第一等级,赋等级分 3 分;得分介于"平均值－0.2 个标准差"和"平均值＋0.2 个标准差"之间的省份为第二等级,赋等级分 2 分;得分在"平均值－0.2 个标准差"以下的省份为第三等级,赋等级分 1 分。由此,可以根据等级分的组合来确定各省份的发展类型。

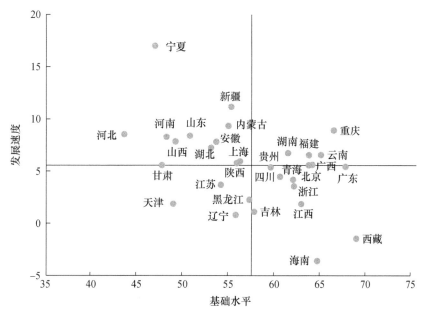

图 2-1   2016 年各省份生态文明发展类型分布图

3. 分类和命名

① 若某省份的生态文明建设的基础水平相对较好,发展速度相对较快,即基础水平和发展速度等级分均为 3 分,则为领跑型省份。

② 若某省份的生态文明建设的基础水平相对较弱,但发展速度相对较快,即基础水平等级分为 1 分,发展速度等级分为 3 分,则为追赶型省份。

③ 若某省份的生态文明建设基础水平相对较好,但发展速度相对较慢,即基础水平等级分为 3 分,发展速度等级分为 1 分,则为前滞型省份。

④ 若某省份的生态文明建设的基础水平和发展速度均较慢,即基础水平和发展速度的等级分均为 1 分,则为后滞型省份。

⑤ 若某省份的基础水平和总体发展速度特征不太明确,但只要基础水平和发

展速度有一个等级分为 2 分,则为中间型省份。

二、领跑型省份的生态文明进展

重庆、云南、福建和湖南四个省份的生态文明基础水平和发展速度等级分均为 3 分,说明这四个省份的生态文明基础相对较好,发展也较快,所以被称为领跑型省份。领跑型省份生态文明发展的基本情况见表 2-2。

表 2-2　领跑型省份生态文明发展的基本情况

领跑型省份	生态保护	环境改善	资源节约	排放减害	总体发展速度	基础水平
重庆	−0.46	3.67	−6.46	39.01	8.94	66.00
云南	−0.19	0.09	4.43	21.93	6.56	64.65
福建	0.69	2.58	0.34	22.59	6.55	63.35
湖南	0.60	3.71	6.24	16.42	6.74	61.05
类型平均值	0.16	2.52	1.14	24.99	7.20	63.76
全国平均值	−0.05	1.83	1.48	12.32	3.90	57.16

说明:各二级指标和总体发展速度用 2015—2016 年的进步率(%)表示,基础水平用绿色生态文明指数(GECI 2016)表示,下表类似。

分析领跑型省份生态文明发展速度各二级指标可以发现,本类型四个省份在环境改善和排放减害方面表现较好,尤其是排放减害方面的发展速度远超过全国平均速度,但是四个省份在生态保护和资源节约方面的进步较小(图 2-2)。本类型各省份具体情况分析如下(表 2-3):

重庆的生态文明建设基础水平较高,总体发展速度也较快。其四个二级指标表现差异较大,在环境改善和排放减害两个领域的发展速度远超过全国平均值,但在生态保护和资源节约领域表现较差,降速分别达 0.46% 和 6.46%,在生态系统建设和保护方面还需加大力度。重庆的环境改善进步较大,发展速度达到 18.7%,排在第五位。资源节约各三级指标中,水资源开发强度降低率为 −38.28%,排在第三十位。表现最好的领域是排放减害,排放减害领域各三级指标中,化学需氧量排放和氨氮排放减排进步速度分别达 55.44% 和 55.73%,均排在第二位,大气污染物排放进步速度也都在 20% 以上,其水体污染物和大气污染物排放均得到了有效控制,化学需氧量排放和氨氮减排明显。重庆要加强生态系统保护,必须要以提高综合生态效益为重点,加强绿化造林建设,加强矿山开采的生态监控和矿区生态建设,改善环境质量,提升资源的循环利用水平。

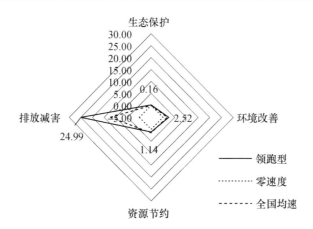

图 2-2　2016 年领跑型省份生态文明发展的雷达图

表 2-3　2016 年领跑型省份生态文明发展的三级指标评价结果

单位:(%)/名次

二级指标	三级指标	重庆	云南	福建	湖南
生态保护	森林面积增长率	—	—	—	—
	森林质量提高率	—	—	—	—
	自然保护区面积增加率	−1.35/30	1.42/4	2.71/3	−0.04/24
	建成区绿化覆盖增加率	−0.74/18	−2.28/27	0.4/8	2.72/4
	湿地资源增长率	—	—	—	—
环境改善	空气质量改善	18.7/5	0.82/26	5.11/21	14.59/11
	地表水体质量改善	0/21	6.12/9	5.14/11	0.2/19
	化肥施用合理化	0.52/9	−2.33/27	0.16/14	−0.03/15
	农药施用合理化	2.27/9	−2.61/27	2.21/10	1.01/16
	城市生活垃圾无害化提高率	−0.6/24	−2.64/27	1.36/16	0.1/19
	农村卫生厕所普及提高率	2.65/16	2.92/14	2.45/17	8.57/6
资源节约	万元地区生产总值能耗降低率	5.65/8	6.79/5	6.87/3	5.52/9
	水资源开发强度降低率	−38.28/30	7.34/14	9.95/12	6.81/16
	工业固体废物综合利用提高率	−0.71/17	2.38/11	−13.7/26	3.32/8
	城市水资源重复利用提高率	0/17	0.53/12	−1.52/25	10.4/3
排放减害	化学需氧量排放效应优化	55.44/2	32.35/10	33.22/8	12.9/17
	氨氮排放效应优化	55.73/2	31.21/9	34.24/8	13.26/17
	二氧化硫排放效应优化	20.73/6	9.06/23	9.7/22	16.68/13
	氮氧化物排放效应优化	23.89/9	10.66/25	12.41/23	21.55/13
	烟(粉)尘排放效应优化	22.11/12	15.49/17	11.65/23	20.06/14

说明:由于森林面积和质量的相关数据每五年更新一次,2015 年和 2016 年没有变化,因此,两项数据为空值,湿地资源数据的情况类似。参与实际运算时,按照不变计算,后表同。

2015年度云南就是领跑型省份,2016年度又保持了领跑的势头,四个二级指标中,资源节约和排放减害领域进步较大,超过全国平均速度,其万元地区生产总值能耗降低率进步明显,从2015年度的二十一位跃升到2016年度的第五位,其污染物排放也得到了有效控制。生态保护领域中,云南的自然保护区面积增加率和建成区绿化覆盖增加率都有小幅下降。环境改善领域中,地表水体质量有明显改善,优于Ⅲ类水质河长增加率为6.12%,位列第九位,但在农业面源污染治理和城市生活垃圾治理方面退步明显,均排在第二十七位。这说明云南能够连续保持领跑势头主要得益于其资源节约和排放减害两个方面的贡献,云南省一定要再接再厉,坚持生态立省、环境优先战略,全面构建环境质量目标、法规制度、风险防控、生态保护、综合治理、监管执法、保护责任和保障能力建设"八大体系",在建设中国西南生态安全屏障、成为全国生态文明建设排头兵上取得重大突破。

福建的生态文明建设发展速度比2015年度有较大幅度的提升,四个二级领域也都有不同程度的进步,其中排放减害领域进步最大。生态保护领域中,福建的自然保护区面积增加率为2.71%,排在第三位,进步较大。资源节约领域中,万元地区生产总值能耗降低率进步相对较大,发展速度为6.87%,从2015年度的第三十位跃升到2016年度的第三位,福建要继续做好资源节约方面的工作,提高整体生态文明建设水平。另外,福建在水体和大气污染物控制方面也持续发力,使得污染物排放得到了有效控制,从总体上提升了福建的发展速度。福建省在以后的生态文明建设中,不但要抓好产业转型升级,加快发展节能环保产业,努力把现有能耗和排放降下来,还要集中力量打好大气、水、土壤三项污染防治的"攻坚战",实施工业污染源全面达标排放计划,推动多污染源协同控制、综合防控,建设好一个清新的福建。

湖南省的生态文明基础水平不错,四个二级领域发展进步都较大。从各三级指标来看,湖南的建成区绿化覆盖增加率为2.72%,排名第四位,说明湖南在城镇化过程中,也一直在坚持绿色发展。环境改善领域中,湖南的空气质量也得到了明显改善,发展速度为14.59%,排名第十一位,农村卫生条件也有了明显改善,农村卫生厕所普及提高率为8.57%,位列全国第六位。资源节约领域中,湖南的城市水资源重复利用提高率有很大提高,达10.4%,排名第三位,其他各领域也都有不同程度的发展。在以后的工作中,湖南省要做好自然保护区建设工作,保护好生态环境,在农业面源污染治理方面加大力度,严格控制农药和化肥施用量,并从节能、节水和节地三个方面进一步完善资源节约政策,以推动湖南省的生态文明发展。

三、追赶型省份的生态文明进展

新疆、内蒙古、安徽、湖北、山东、山西、河南、宁夏和河北九个省份的生态文明建设基础水平与其他各省份相比较弱,但是发展速度相对较快,称为追赶型省份。追赶型省份生态文明的发展情况见表 2-4。

表 2-4   追赶型省份生态文明发展的基本情况

追赶型省份	生态保护	环境改善	资源节约	排放减害	总体发展速度	基础水平
新疆	0.23	8.07	16.69	19.68	11.17	54.95
内蒙古	−0.22	11.35	−6.61	32.89	9.35	54.65
安徽	0.17	5.93	3.68	21.52	7.83	53.35
湖北	0.49	5.18	0.80	22.46	7.23	52.80
山东	−0.28	7.12	2.30	24.45	8.40	50.50
山西	0.03	4.13	−8.01	35.26	7.85	48.95
河南	−0.37	2.49	0.92	30.15	8.30	48.00
宁夏	−0.06	31.30	−8.66	45.49	17.02	46.75
河北	−0.56	8.40	11.26	15.05	8.54	43.45
类型平均值	−0.06	9.33	1.37	27.44	9.52	50.38
全国平均值	−0.05	1.83	1.48	12.32	3.90	57.16

追赶型省份的总体发展速度是五个类型中最快的,远超全国平均速度,从二级指标来看,其环境改善和排放减害进步最大,其中宁夏、新疆和内蒙古是表现最好的三个省份,宁夏和新疆的总体发展速度都超过了 10%(图 2-3)。各省份的具体情况分析如下(表 2-5,2-6):

2016 年度新疆总体发展势头强劲,四个二级领域表现也都进步较大,尤其是环境改善、资源节约和排放减害三个领域都表现较为抢眼。生态保护领域中,新疆的建成区绿化覆盖增加率为 1.74%,排名第五。环境改善领域中,新疆的空气质量和水体质量也得到了明显改善,农药施用量也得到了有效控制,农药施用合理化排名第一。资源节约领域中,其水资源开发强度降低率和城市水资源充分利用提高率也取得了较大进步,分别为 22.48% 和 60.38%,排名第六和第一位,说明新疆在水体质量改善和水循环利用方面作出了很多努力,但同时值得注意的是新疆的万元地区生产总值能耗降低率排名倒数第一位,说明新疆的能源消耗比较大,新疆在发展的同时一定要注意生态环境保护,坚持走绿色发展道路,改善环境质量,促进资源的循环利用,加强对能源利用的管控。

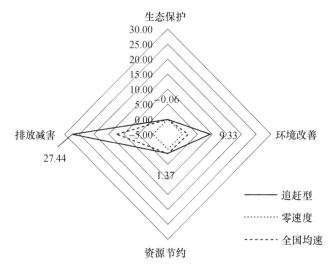

图 2-3　2016 年追赶型省份生态文明发展的雷达图

内蒙古生态文明基础水平较弱,但 2016 年度发展速度持续加速,尤其在环境改善和排放减害两方面表现较好,进步速度远超全国平均值,但生态保护和资源节约两个领域表现欠佳。具体到各三级指标可以发现,环境改善领域中,内蒙古的空气和水体质量得到了明显改善,进步速度达 17.65% 和 43.49%,分别位列第七和第二位,农村卫生厕所普及提高率位列第一,但内蒙古在控制农业面源污染方面明显乏力,农药施用合理化降速明显,为 -3.77%,位列第三十位。资源节约领域中,各三级指标降速明显,表明内蒙古在资源的循环利用方面还有很长的路要走,需要加大力度提高资源利用效率。内蒙古在排放减害领域进步明显,其水体污染物和大气污染物排放都得到了较好的控制,整体上提高了内蒙古的发展速度。总体来说,内蒙古要提高生态文明建设水平,就必须要大力保护生态环境,合理规划区域内林地、耕地、草地、水资源、湿地等绿色生态空间的发展,减少城镇化、工业化对区域和周边生态环境的影响,避免过度开发水资源,节约能源,降低农业面源污染,减少大气和水体污染物排放,努力提高环境质量。

安徽省的四个二级领域发展较为均衡,都取得了明显的进步,具体到各三级指标来看,安徽的自然保护区面积增加率为 0.83%,排名第五位,空气质量和水体质量都有明显改善,进步速度分别为 19% 和 12.91%,分别排名为第四和第五位,其农业面源污染控制也较好,分别排名第七和第八位。安徽还需提高工业固体废物的综合利用率,提升能源资源的综合利用水平,鼓励企业发展循环经济,推动开发区循环化改造,并且还要在城镇化过程中,完善绿化配套,提高城市生活垃圾的无害化处理能力,还要节约利用水资源,建设海绵城市,严格控制大气污染物和水体污染物排放,促进整体生态文明的发展进步。

表 2-5　追赶型省份生态文明发展的三级指标评价结果(1)　单位:(%)/名次

二级指标	三级指标	新疆	内蒙古	安徽	湖北	山东
生态保护	森林面积增长率	—	—	—	—	—
	森林质量提高率	—	—	—	—	—
	自然保护区面积增加率	−0.69/29	0.53/7	0.83/5	3.27/1	0/14
	建成区绿化覆盖增加率	1.74/5	−1.53/23	−0.05/14	−1.06/19	−1.26/21
	湿地资源增长率	—	—	—	—	—
环境改善	空气质量改善	16.86/8	17.65/7	19/4	17.92/6	13.26/12
	地表水体质量改善	9.77/7	43.49/2	12.91/5	8.45/8	27.95/3
	化肥施用合理化	−0.33/19	−0.12/16	0.84/8	2.21/4	0.88/7
	农药施用合理化	18.65/1	−3.77/30	2.62/7	2.37/8	3.32/5
	城市生活垃圾无害化提高率	−1.21/26	1.72/12	0.04/20	1.5/13	0/22
	农村卫生厕所普及提高率	3.98/11	17.98/1	2.98/13	0.59/25	0.68/24
资源节约	万元地区生产总值能耗降低率	−4.28/30	−3.02/28	2.73/16	6.87/4	1.97/19
	水资源开发强度降低率	22.48/6	−2.23/19	9.64/13	5.93/17	12.56/10
	工业固体废物综合利用提高率	2.29/12	−19.3/29	3.27/9	−11.61/24	−3.4/21
	城市水资源重复利用提高率	60.38/1	−0.5/21	−0.33/19	2.07/5	−0.36/20
排放减害	化学需氧量排放效应优化	10.12/18	40.96/5	17.12/14	21.16/13	29.15/11
	氨氮排放效应优化	9.4/18	42.99/5	18.87/15	21.54/14	29.53/10
	二氧化硫排放效应优化	21.92/5	20.28/8	18.16/11	19.9/9	15.29/14
	氮氧化物排放效应优化	26.95/5	23.06/10	24.95/7	24.81/8	21.1/14
	烟(粉)尘排放效应优化	37.35/2	26.88/8	29.72/6	24.79/9	20.89/13

　　湖北省的发展速度较 2015 年度有所提升,四个二级领域也都有不同程度的进步,其中环境改善和排放减害进步最大。生态保护领域中,湖北的自然保护区面积增加率为 3.27%,位居第一位,进步较大。环境改善领域的各三级指标也都表现较好,空气质量、水体质量进步速度分别为 17.92% 和 8.45%,位居第六和第八位,农业面源污染也得到较好的控制,其中化肥和农药施用合理化分别为 2.21% 和 2.37%,全国排名第四和第八位,城市和农村卫生环境也得到了一定程度的改善。资源节约领域进步也较大,其中万元地区生产总值能耗降低率和城市水资源重复利用率分别为 6.87% 和 2.07%,分别位居全国第四和第五位,但工业固体废物综合利用提高率降速明显,为 −11.61%,排名二十四位,说明湖北在废物综合循环利用方面还需要加大力度。湖北在排放减害领域进步也比较快,水体污染物和大气污染物排放效应优化各三级指标都排名比较靠前,发展速度处于中

上游水平。湖北省要积极发展循环经济,实施重点节能工程,积极发展和消费可再生能源,减缓温室气体排放,加大能源、资源节约和高效利用技术开发和应用力度,加强生态建设和环境保护。

山东2016年度生态文明发展速度明显加快,四个二级领域中,环境改善、资源节约和排放减害都有较大进步。环境改善的三级指标中,空气质量和地表水体质量改善进步很大,分别为13.26%和27.95%,位居全国第十二和第三位,农业面源污染控制进步也比较明显,化肥施用和农药施用控制排名比较靠前,位居全国第七和第五位。资源节约方面,山东的工业固体废物综合利用提高率有一定的退步,为-3.4%,排名第二十一位,山东省还要加大力度,提高工业固体废物综合利用率,提高水资源利用效率,要合理开发和科学配置水资源,控制水资源开发利用强度,保护好水资源和水环境。

山西省生态文明基础较弱,但是近三个年度发展速度一直较快,都处于追赶型,2016年度山西省四个二级指标的表现差别较大,生态保护领域一直稳定发展,环境改善和排放减害进步明显,远超全国平均值,但是资源节约领域有明显的退步。具体到各三级指标分析,在生态保护领域中,山西的自然保护区面积增加率和建成区绿化覆盖增加率均有积极进步,进步速度分别为0.03%和0.12%,均在全国排名第十二位。环境改善领域中,农药施用量还需严格控制,其他各项指标都有一定的进步,处于全国中上游水平。山西在资源节约领域表现最差,其水资源开发强度降低率、工业固体废物综合利用提高率降幅较大,分别为-21.87%、-14.98%,均排名全国第二十七位。山西在排放减害领域表现最为抢眼,其水体污染物排放和大气污染物排放都控制得较好,尤其是化学需氧量和氨氮减排明显,分别为52.73%和51.91%,均位居全国第三位。山西在保持较快的发展速度的同时一定要做好提高资源、能源利用效率,提高资源的循环利用水平。

河南生态文明基础水平较弱,2016年度发展速度有较大提升,环境有一定的改善,排放减害领域发展速度为30.15%,远高于全国平均值,是四个二级指标中进步最大的领域。环境改善领域的三级指标中,空气质量改善和地表水体质量改善情况分别排在全国的第十六和第十位,农药施用控制方面有一定的改善,排在全国的第十二位,城市生活垃圾无害化处理方面进步较大,排名第八位,但是河南还需加强控制化肥施用量和农药施用量。资源节约领域中,河南的万元地区生产总值能耗降低率、工业固体废物综合利用提高率和城市水资源重复利用提高率都进步较大,发展速度分别排在全国的第十二、第十四和第六位,但是在水资源开发强度降低率方面退步明显,为-5.04%。排放减害领域中,河南的水体污染物排放控制较好,化学需氧量、氨氮排放效应优化分别为46.42%和47.17%,均排在全国的第四位,大气污染物排放变化效应也都处于全国的中等水平。河南省还要尽快补齐短板,继续保持较快的发展速度,加快生态文明建设。

宁夏和河南的情况比较相似,都属于生态文明基础水平较弱,但是发展速度相对较快的类型,宁夏和河南2015年度都是后滞型省份,通过努力2016年度成为追赶型省份。2016年度宁夏的四个二级指标表现的差异较大,其环境改善和排放减害进步较大,远超全国平均值,但是资源节约领域退步比较明显。环境改善领域的三级指标中,地表水体质量改善进步速度为194.4%,位列全国第一位,是提升宁夏环境改善领域整体发展速度的重要指标。资源节约领域中,宁夏的万元地区生产总值能耗降低率、水资源开发强度降低率和工业固体废物综合利用提高率都有不同程度的下降,分别为-3.29%、-9.55%和-21.61%,分别位列全国的第二十九、第二十三和第三十一位,是导致宁夏资源节约领域降速明显的主要因素。排放减害领域中,宁夏的水体污染物排放变化进步最大,化学需氧量和氨氮排放效应优化均排在全国第一位。宁夏必须要在能源和资源循环利用上多花功夫,提高资源、能源循环利用水平。在环境改善领域,要严格控制农业面源污染,改善城乡居民生活环境,加大环境污染治理力度。

河北的四个二级领域发展速度差异不大,其环境改善、资源节约和排放减害发展速度都高于全国平均值,只有生态保护领域发展速度低于全国平均速度。生态保护领域的三级指标中,河北的自然保护区面积增加率和建成区绿化覆盖率均有退步,分别位列全国的第二十八和第二十五位。环境改善领域中,空气质量得到明显改善,进步速度达28.86%,位列全国第一位,农药施用合理化、城市生活垃圾无害化提高率和农村卫生厕所普及提高率进步明显,分别位列全国第四、第三和第二位。资源节约领域,河北的水资源开发强度降低率和工业固体废物综合利用提高率进步明显,分别为23.71%和29.41%,位列全国的第三和第二位,但其城市水资源重复利用率却退步较大,排名倒数第三。排放减害领域,河北的大气污染物控制较好,二氧化硫排放、氮氧化物排放和烟(粉)尘排放效应优化进步明显,分别为27.71%、30.69%和31.99%,位列全国的第二、第一和第四位,但是其水体污染物排放却管控乏力,化学需氧量排放和氨氮排放效应优化分别排在全国的第二十四和第二十五位。河北省要高效推进生态文明建设,必须大力推进环境污染治理和生态修复,实施好重大生态修复工程,推进绿色发展,壮大节能环保产业、清洁生产产业、清洁能源产业,构建绿色低碳循环发展的经济体系。

表 2-6　追赶型省份生态文明发展的三级指标评价结果(2)　单位:(%)/名次

二级指标	三级指标	山西	河南	宁夏	河北
生态保护	森林面积增长率	—	—	—	—
	森林质量提高率	—	—	—	—
	自然保护区面积增加率	0.03/12	0/14	0/14	−0.67/28
	建成区绿化覆盖增加率	0.12/12	−1.64/24	−0.26/15	−1.86/25
	湿地资源增长率	—	—	—	—
环境改善	空气质量改善	12.31/14	7.56/16	5.9/19	28.86/1
	地表水体质量改善	5.14/11	5.18/10	194.4/1	−2.24/25
	化肥施用合理化	0.48/10	−1.14/23	−0.14/17	0.34/13
	农药施用合理化	−0.44/21	1.18/12	0.64/18	3.77/4
	城市生活垃圾无害化提高率	5.54/5	3.39/8	−3.57/28	10.85/3
	农村卫生厕所普及提高率	4.48/9	0.43/27	11.29/4	13.03/2
资源节约	万元地区生产总值能耗降低率	2.45/17	4.46/12	−3.29/29	1.04/22
	水资源开发强度降低率	−21.78/27	−5.04/20	−9.55/23	23.71/3
	工业固体废物综合利用提高率	−14.98/27	0.54/14	−21.61/31	29.41/2
	城市水资源重复利用提高率	−1.22/23	2.03/6	0.35/13	−8.53/29
排放减害	化学需氧量排放效应优化	52.73/3	46.62/4	79.79/1	−0.61/24
	氨氮排放效应优化	51.91/3	47.17/4	79.45/1	−0.05/25
	二氧化硫排放效应优化	17.42/12	11.21/18	10.45/20	27.71/2
	氮氧化物排放效应优化	22.54/11	17.46/16	14.08/21	30.69/1
	烟(粉)尘排放效应优化	14.38/18	10.82/24	9.23/26	31.99/4

四、前滞型省份的生态文明进展

西藏、海南、江西、浙江、青海和四川六个省份的生态文明基础水平明显高于基础水平的上分界线,发展速度明显小于发展速度的下分界线,说明这六个省份的生态文明基础水平相对较好,但是发展却较为缓慢,称为前滞型省份。前滞型省份的生态文明发展情况见表 2-7,2-8,2-9。

从前滞型省份各二级指标来看,其类型平均值都低于全国平均速度,尤其是其环境改善和资源节约方面退步较为明显,其中海南和青海的资源节约表现最差,但是青海和四川在排放减害方面进步较大(图 2-4)。

表 2-7　前滞型省份生态文明发展的基本情况

前滞型省份	生态保护	环境改善	资源节约	排放减害	总体发展速度	基础水平
西藏	−0.59	−3.85	8.02	−9.33	−1.44	68.45
海南	−1.94	−1.37	−15.44	4.39	−3.59	64.25
江西	−1.37	1.55	5.76	1.50	1.86	62.50
浙江	0.05	2.39	5.12	6.74	3.58	61.70
青海	−1.25	1.61	−10.56	26.98	4.20	61.60
四川	0.64	2.15	−3.81	18.96	4.49	60.20
类型平均值	−0.74	0.42	−1.82	8.21	1.52	63.12
全国平均值	−0.05	1.83	1.48	12.32	3.90	57.16

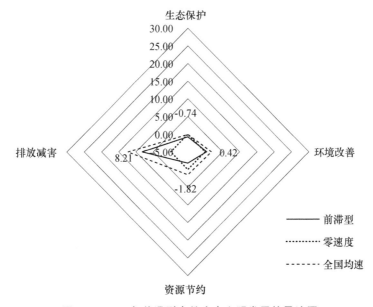

图 2-4　2016 年前滞型省份生态文明发展的雷达图

西藏的生态文明基础水平较高,但其发展速度却相对较低,从四个二级领域来看,西藏在资源节约领域有较大进步,其他三个领域的发展速度都有不同幅度的下滑。生态保护领域的三级指标中,西藏的建成区绿化覆盖增加率有一定的下降,排在全国的第二十八位,环境改善领域的几个指标排名也比较靠后,大部分指标都排名较靠后。资源节约领域的三级指标中,比较值得关注的是西藏的工业固体废物综合利用提高率为 43.15%,排名全国第一名,显示出西藏在废物综合循环利用方面做出了较大的努力。排放减害领域的三级指标中,西藏的水体污染物和大气污染物排放效应优化排名较靠后,西藏要通过发展清洁能源,逐步改善当地能源消耗结构,从而减少水体和大气污染物排放量。

表 2-8　前滞型省份生态文明发展的三级指标评价结果(1)　单位:(%)/名次

二级指标	三级指标	西藏	海南	江西
生态保护	森林面积增长率	—	—	—
	森林质量提高率	—	—	—
	自然保护区面积增加率	0/14	0.04/11	−5.02/31
	建成区绿化覆盖增加率	−2.65/28	−8.76/31	−1.17/20
	湿地资源增长率	—	—	—
环境改善	空气质量改善	−2.49/29	0.87/25	6.65/17
	地表水体质量改善	0.1/20	−5.13/27	0.76/17
	化肥施用合理化	−12.1/31	−5.15/30	−0.34/20
	农药施用合理化	−5.35/31	−1.44/24	1.09/13
	城市生活垃圾无害化提高率	—	0.01/21	1.47/15
	农村卫生厕所普及提高率	—	3.94/12	0.48/26
资源节约	万元地区生产总值能耗降低率	—	−0.67/24	1.54/20
	水资源开发强度降低率	−15.86/25	−96.87/31	22.7/5
	工业固体废物综合利用提高率	43.15/1	19.49/3	0.93/13
	城市水资源重复利用提高率	—	0.19/15	1.2/10
排放减害	化学需氧量排放效应优化	1.54/22	−1.07/26	−5.74/29
	氨氮排放效应优化	4.46/21	3.33/22	−4.67/29
	二氧化硫排放效应优化	−29.66/31	1.66/27	7.35/24
	氮氧化物排放效应优化	−11.86/31	6.58/27	14.46/20
	烟(粉)尘排放效应优化	−26.15/31	12.72/22	2.52/30

　　海南的生态文明基础水平一直不错,但是近三个年度一直属于前滞型省份,其发展速度一直相对较低。2016 年度,海南的四个二级领域中,生态保护和环境改善领域有微弱退步,资源节约领域退步较大,只有排放减害领域有较小进步。生态保护领域的三级指标中,海南的自然保护区面积有所增加,但是其建成区绿化覆盖增加率退步明显,为−8.76%,排名全国倒数第一,海南省要在城镇化过程中,完善其配套绿化设施,坚持绿色发展。资源节约领域的三级指标中,其工业固体废物综合利用提高率为 19.49%,位列全国第三位。水资源开发强度降低率为−96.87%,排名倒数第一,主要原因是由于海南省地下水补偿存在困难,因此,必须加强对地下水资源的保护,严惩地下水超采,并实现水资源的高效利用和循环使用。

　　江西近两个年度发展速度一直相对较低,属于前滞型省份,其生态保护领域有较小退步,另外三个领域均有不同程度的进步,但进步速度相对缓慢。生态保护领域的三级指标中,自然保护区面积有所减少,发展速度排名全国倒数第一。

资源节约领域水资源开发强度降低率有明显进步,为 22.7%,位列全国第五位。排放减害领域水体污染物排放效应优化排名倒数第三位,需要加以重视,大气污染物排放虽有进步,但是排名还是比较靠后,江西需要多方发力,搞好生态文明建设。

表 2-9　前滞型省份生态文明发展的三级指标评价结果(2)　单位:(%)/名次

二级指标	三级指标	浙江	青海	四川
生态保护	森林面积增长率	—	—	—
	森林质量提高率	—	—	—
	自然保护区面积增加率	0.65/6	0/14	−0.14/25
	建成区绿化覆盖增加率	−0.42/16	−5.61/30	3.04/3
	湿地资源增长率	—	—	—
环境改善	空气质量改善	5.14/20	13.03/13	3.11/23
	地表水体质量改善	−0.41/22	2.43/15	3.38/13
	化肥施用合理化	3.04/2	−3.13/29	0.36/12
	农药施用合理化	4.59/3	−2.84/28	1.01/15
	城市生活垃圾无害化提高率	−0.78/25	1.05/17	1.49/14
	农村卫生厕所普及提高率	1.81/21	2.21/19	4.52/8
资源节约	万元地区生产总值能耗降低率	2.43/18	1.32/21	5/11
	水资源开发强度降低率	22.36/7	−37.04/29	−29.11/28
	工业固体废物综合利用提高率	0.31/15	−13.48/25	2.99/10
	城市水资源重复利用提高率	−2.07/26	1.75/7	−0.21/18
排放减害	化学需氧量排放效应优化	−1.04/25	39.32/6	27.43/12
	氨氮排放效应优化	−2.38/27	38.01/7	27.44/12
	二氧化硫排放效应优化	10.89/19	13.54/15	12.62/16
	氮氧化物排放效应优化	15.97/18	22.48/12	12.89/22
	烟(粉)尘排放效应优化	17.27/15	9.26/25	6.65/27

浙江的四个二级领域发展比较均衡,都有一定的进步,但是进步速度都相对较缓慢。生态保护领域的三级指标中,自然保护区面积增加率为 0.65%,排名全国第六位,还需要加强生态系统保护。环境改善领域的三级指标中,农业面源污染治理取得较大成就,化肥和农药施用合理化改善分别排名全国第二和第三位,但是其他几个三级指标全国排名较靠后。资源节约领域的三级指标中,水资源开发强度降低率为 22.36%,排名全国第七位,进步较大,但是浙江的城市水资源重复利用提高率却较低,排名第二十六位,浙江省要以保护自然生态为前提、以水土资源承载能力和环境容量为基础,加强水域保护和水资源管理,对水资源进行合理利用。排放减害领域的三级指标中,水体污染物排放效应有所减弱,大气污染物排放效应有一定进步,处于全国中下游水平,浙江省要根据自身特点,加强海洋蓝色生

态屏障建设,实施入海污染物总量控制制度,加大陆地和海洋污染物的治理力度。

青海生态文明基础水平较高,但 2016 年度发展速度有所下降。四个二级领域中表现最好的是排放减害领域,发展速度为 26.98%,远高于全国平均速度,但是生态保护和资源节约领域表现较差,尤其是资源节约领域,青海的发展速度为 -10.56%,远低于全国平均值。生态保护领域,青海的建成区绿化覆盖增加率为 -5.61%,排名全国第三十名,随着青海城镇化建设的推进,新建的城区绿化配套没有跟上,所以导致建成区绿化覆盖率明显下降。环境改善领域,青海的农业面源污染没有得到有效控制,导致化肥施用和农药施用合理化排名倒数,需要加以注意。资源节约领域,青海的城市水资源重复利用率提高明显,位列全国第七位。排放减害领域,青海的水体污染物排放控制效果明显,化学需氧量和氨氮排放效应优化发展速度为 39.32% 和 38.01%,分别排名全国第六和第七位,大气污染物排放控制也有一定的进步,需要继续保持。

四川的生态文明基础水平相对较高,2015 年度为领跑型省份,2016 年度生态保护领域有一定进步,但是环境改善、资源节约和排放减害领域发展速度比 2015 年度下降明显。2016 年度转变为前滞型省份。生态保护领域的三级指标中,建成区绿化覆盖增加率为 3.04%,排名全国第三名,是生态保护领域进步的重要影响因素。环境改善领域各三级指标都有一定进步,其中进步最大的是农村卫生厕所普及提高率,为 4.52%,排名全国第八位。资源节约领域水资源开发强度降低率为 -29.11%,排名全国第二十八位。排放减害领域的各二级指标中,水体污染物和大气污染物排放变化效应有一定进步,但需加大力度控制污染物排放量,坚持走绿色发展道路。

五、后滞型省份的生态文明进展

辽宁、江苏和天津三个省份的生态文明基础水平和发展速度都明显低于下分界线,这三个省份的生态文明建设基础较弱,发展速度也跟不上全国平均速度,被称为后滞型省份。后滞型省份的生态文明发展情况见表 2-10,2-11。

表 2-10　后滞型省份生态文明发展的基本情况

后滞型省份	生态保护	环境改善	资源节约	排放减害	总体发展速度	基础水平
辽宁	0.17	1.16	0.00	1.96	0.82	55.45
江苏	0.11	0.13	8.73	5.84	3.70	53.85
天津	0.92	0.88	2.06	3.72	1.90	48.70
类型平均值	0.40	0.72	3.60	3.84	2.14	52.67
全国平均值	-0.05	1.83	1.48	12.32	3.90	57.16

　　从各二级指标来看,后滞型省份在环境改善和排放减害两个方面的进展与全国均值还有一定的差距,但值得欣喜的是,三个后滞型省份在生态保护、环境改善、资源节约和排放减害四个方面都有不同程度的进步,其生态保护和资源节约表现甚至好于全国平均水平(图 2-5)。

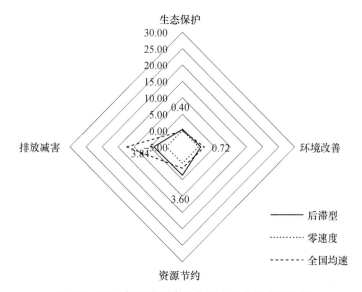

图 2-5　2016 年后滞型省份生态文明发展的雷达图

　　2016 年度辽宁的生态文明发展速度相对较慢,各二级领域发展速度也都在1%左右,需要全面地增强各领域发展。生态保护领域的三级指标中,自然保护区面积增加率和建成区绿化覆盖增加率分别为 0.38％和 0.37％,分别位列全国第八和第九位,取得了一定的进步。环境改善领域,辽宁的农业面源污染控制和城乡卫生状况都有一定的成绩,排名在全国的中上游水平,资源节约领域,工业固体废物处理退步较大,需要提高工业固体废物的循环利用水平,努力发展循环经济。

　　江苏的总体发展速度在后滞型省份中是最高的,从四个二级领域来看,其资源节约和排放减害两个领域在后滞型省份中是进步最大的,但生态保护和环境改善两个领域发展却是后滞型省份中进步最小的。环境改善领域的三级指标中,江苏的地表水体质量状况退步较多,为－10.59％,排名第二十九位,农业面源污染治理效果较好,化肥和农药使用合理化排名分别为第五和第六名。资源节约领域中,江苏的水资源开发强度降低率为 33.35％,排名全国第一位,进步非常明显,江苏要善于利用自身优势,加强生态环境保护,促使环境改善。

表 2-11　后滞型省份生态文明发展的三级指标评价结果　　单位:(%)/名次

二级指标	三级指标	辽宁	江苏	天津
生态保护	森林面积增长率	—	—	—
	森林质量提高率	—	—	—
	自然保护区面积增加率	0.38/8	0/14	0/14
	建成区绿化覆盖增加率	0.37/9	0.52/7	4.15/2
	湿地资源增长率	—	—	—
环境改善	空气质量改善	3.41/22	2.53/24	23.43/2
	地表水体质量改善	−10.12/28	−10.59/29	−20.87/31
	化肥施用合理化	0.97/6	1.97/5	4.41/1
	农药施用合理化	2.01/11	2.64/6	1.06/14
	城市生活垃圾无害化提高率	3.97/6	1.93/11	−4.07/29
	农村卫生厕所普及提高率	6.48/7	0.85/23	0.05/29
资源节约	万元地区生产总值能耗降低率	0.77/23	6.01/7	3.56/15
	水资源开发强度降低率	19.03/9	33.35/1	5.22/18
	工业固体废物综合利用提高率	−17.31/28	−1.49/20	−0.81/18
	城市水资源重复利用提高率	1.44/9	0.97/11	0.22/14
排放减害	化学需氧量排放效应优化	−6.74/30	−2.4/27	−26.18/31
	氨氮排放效应优化	−7.02/30	−3.19/28	−25.95/31
	二氧化硫排放效应优化	5.81/25	9.98/21	28/1
	氮氧化物排放效应优化	11.22/24	15.52/19	29.17/2
	烟(粉)尘排放效应优化	13.71/19	16.41/16	41.53/1

　　天津市的四个二级领域中,只有资源节约略高于全国平均速度,其他三个领域发展速度都低于全国平均值。具体到各三级指标来看,天津的建成区绿化覆盖增加率为 4.15%,排名全国第二。环境改善领域,天津的空气质量有了明显的改善,发展速度为 23.43%,位列全国第二位,化肥施用合理化发展速度为 4.41%,排名全国第一,但是天津的城乡卫生环境改善情况却排名靠后。排放减害领域,其中化学需氧量排放和氨氮排放效应优化排名均为倒数第一位,二氧化硫、氮氧化物和烟(粉)尘排放效应优化分别位列全国前两名。天津市要继续狠抓大气污染防治,加快海绵城市建设,加强环境保护,加快淘汰转型低端低效产能,集中整治"散乱污"企业,着力提高发展的质量和效益。

六、中间型省份的生态文明进展

　　广东、广西、北京、贵州、吉林、黑龙江、上海、陕西和甘肃九个省份的生态文明建设排在三十一个省的中间水平,它们的生态文明基础水平和发展速度接近全国平均值,特征也不明显,难以被归到特定的类型,所以被称为中间型省份。中间型省份的生态文明发展情况见表 2-12。

表 2-12   中间型省份生态文明发展的基本情况

中间型省份	生态保护	环境改善	资源节约	排放减害	总体发展速度	基础水平
广东	−0.07	1.65	7.15	13.05	5.45	67.25
广西	−0.98	3.79	5.51	14.17	5.62	63.70
北京	−0.33	−1.42	4.43	19.60	5.57	63.30
贵州	1.33	3.36	1.69	15.10	5.37	59.20
吉林	0.81	3.77	−1.65	1.52	1.11	57.45
黑龙江	−0.02	5.59	−2.32	5.87	2.28	56.90
上海	0.04	0.60	6.66	16.48	5.95	55.90
陕西	0.06	2.57	−1.22	21.77	5.80	55.55
甘肃	−0.44	2.74	−3.12	23.17	5.59	47.50
类型平均值	0.05	2.52	1.90	14.53	4.75	58.53
全国平均值	−0.05	1.83	1.48	12.32	3.90	57.16

从生态文明发展速度来看,中间型省份的总体发展速度略高于全国均速,各项二级指标也有不同的表现,但总体来看,其生态保护、环境改善、资源节约和排放减害四个方面都略高于全国平均值,尤其是排放减害领域进步最大(图2-6)。

具体到各省份来看,广东、广西、北京和贵州四省份生态文明基础水平较高,发展速度居中,属于基础水平高的中间型;陕西和甘肃生态文明基础水平相对较低,发展速度居中,属于基础水平低的中间型;吉林和黑龙江生态文明基础水平居中,发展速度较低,属于发展速度低的中间型;而上海的生态文明基础水平和发展速度都居中,属于适中型中间型,我们在具体考察中间型省份时还要进行具体分析(表 2-13,2-14)。

广东的生态文明基础较好,总体发展速度略高于全国平均值,属于基础水平高的中间型省份,四个二级领域表现差异也较明显,其中资源节约和排放减害表现相对较好。具体到各三级指标来看,生态保护领域中,自然保护区面积增加率和建成区绿化覆盖增加率都略有降低。环境改善领域中,空气和水体质量都略有改善,均排名全国第十八位,农业面源污染治理出现退步,影响了广东的环境改善,城市生活垃圾无害化提高率进步明显,为 6%,位列全国第四名。资源节约领域中,广东的废物循环利用和水资源重复利用都有明显成效,均排名全国第四名,需要加以保持。排放减害领域的三级指标中,广东虽然都有进步,但是相比其他省份成效不大,排名中下游水平。

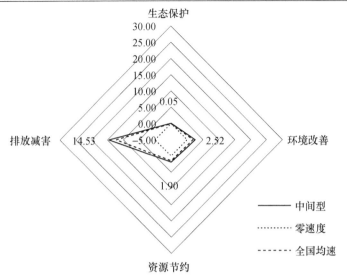

图 2-6　2016 年中间型省份生态文明发展的雷达图

　　广西的四个二级领域中,生态保护有较小退步,其他三个领域都有不同程度的进步。生态保护领域的三级指标中,广西的自然保护区面积增加率和建成区绿化覆盖增加率均有下降,排名分别为第二十六和第二十九位,均比较靠后。环境改善领域,广西的化肥施用量得到了较好的控制,排名第三位,城乡卫生情况也有一定的改善,其中城市生活垃圾无害化提高率排名第七位。资源节约领域,广西的水资源开发强度降低率为 20.4%,排名全国第八位,进步较大,资源的循环利用方面有一定退步,还需加以重视。排放减害领域,广西进步较大,尤其是大气污染治理取得明显成效。广西要加强生态建设,改善生态环境,强化资源保护和节约,并加大污染治理力度,从而提升生态文明发展速度。

　　北京作为中国的首都,生态文明建设更加不容忽视。2016 年度,北京的生态保护和环境改善两个领域有一定退步,资源节约和排放减害领域取得了较大成果。生态保护领域,北京的建成区绿化覆盖增加率为 -1.49%,排名第二十二位。环境改善领域,北京的空气质量和水体质量有一定程度的改善,但进步不大,排名全国居中,城市生活垃圾无害化处理率退步明显,为 -20.93%,排名第三十位。资源节约领域中,北京的万元地区生产总值能耗降低率和水资源开发强度降低率分别为 7.02% 和 22.82%,排名全国第二和第四位,但是工业固体废物综合利用提高率和城市水资源重复利用提高率分别为 -4.9%、-6.19%,排名全国第二十二和第二十八位,退步明显。北京要积极开展重大生态工程建设,建设环首都森林湿地公园,改善大气环境质量,要坚决打赢污染治理攻坚战,深化重点领域节能减排,发展循环经济,提高资源、能源利用效率。

表 2-13　2016 年中间型省份生态文明发展的三级指标评价结果(1)

单位:(%)/名次

二级指标	三级指标	广东	广西	北京	贵州
生态保护	森林面积增长率	—	—	—	—
	森林质量提高率	—	—	—	—
	自然保护区面积增加率	−0.27/27	−0.18/26	0/14	0.34/10
	建成区绿化覆盖增加率	−0.02/13	−4.23/29	−1.49/22	5.62/1
	湿地资源增长率	—	—	—	—
环境改善	空气质量改善	6.06/18	16.41/9	10.71/15	15.85/10
	地表水体质量改善	0.38/18	−0.52/23	2.52/14	−1.21/24
	化肥施用合理化	−1.9/25	2.9/3	−2.1/26	−1.89/24
	农药施用合理化	−0.15/20	−0.58/23	0.56/19	−1.74/25
	城市生活垃圾无害化提高率	6/4	3.41/7	−20.93/30	0.59/18
	农村卫生厕所普及提高率	1.32/22	2.91/15	0.25/28	12.04/3
资源节约	万元地区生产总值能耗降低率	5.13/10	4.31/13	7.02/2	9.6/1
	水资源开发强度降低率	11.01/11	20.4/8	22.82/4	−7.57/22
	工业固体废物综合利用提高率	5.33/4	−0.05/16	−4.9/22	4.23/6
	城市水资源重复利用提高率	8.58/4	−0.62/22	−6.19/28	−4.09/27
排放减害	化学需氧量排放效应优化	6.64/19	3.94/21	15.8/15	1.36/23
	氨氮排放效应优化	6.89/19	2.8/24	23.42/13	3/23
	二氧化硫排放效应优化	12.4/17	22.46/4	18.53/10	20.47/7
	氮氧化物排放效应优化	16.23/17	27.49/3	17.65/15	26.32/6
	烟(粉)尘排放效应优化	27.06/7	24.13/10	22.25/11	34.76/3

　　贵州生态文明发展速度略高于全国平均值,四个二级领域也都有不同程度的进步。生态保护领域的三级指标中,贵州的自然保护区面积增加率为 0.34%,排名全国第十位,建成区绿化覆盖增加率为 5.62%,位列全国第一位,非常值得肯定。环境改善领域中,贵州的空气质量改善明显,排名第十位,农村卫生厕所普及提高率为 12.04%,排名全国第三,进步较大,但水体质量改善和农业面源污染治理方面排名较靠后。资源节约领域,贵州的万元地区生产总值能耗降低率和工业固体废物综合利用提高率分别为 9.6% 和 4.23%,位列全国第一和第六位,但贵州在水资源开发和重复利用方面却退步明显,排名靠后。贵州要发挥自身生态环境优势,以建设"多彩贵州公园省"为总体目标,推进各项国家生态文明示范区建设,提高贵州的生态文明发展速度。

　　吉林生态文明基础水平一般,发展速度相对较慢,近两个年度都是中间型省份,本年度吉林的总体发展速度为 1.11%,远低于全国平均值,四个二级领域中,

资源节约有一定的退步,生态保护领域进步较大,其他两个领域进步不明显。生态保护领域的三级指标中,自然保护区面积增加率和建成区绿化覆盖增加率分别为2.99%和0.67%,排名全国第二和第六位,进步较为显著。环境改善领域中,城市生活垃圾无害化提高率为36.81%,进步最大,排名全国第一位,但其他几个指标都有较大的退步,排名也很靠后,严重影响了吉林的生态环境。资源节约领域中,吉林的工业固体废物综合利用提高率为—21.17%,排名全国第三十位,其他几个指标进步较大,排名较靠前。排放减害领域中,吉林表现较差,排名都较靠后,吉林还需加强工业固体废物的综合循环利用,加大力度进行污染物排放控制,从而改善环境质量。

黑龙江的四个二级领域中,生态保护和资源节约有一定程度的退步,但环境改善和排放减害有不同程度的进步。生态保护领域的三级指标中,自然保护区面积增加率有所提高,排名全国第九位。环境改善领域,农药施用合理化和城市生活垃圾无害化率排名均为第二位,进步较大,但空气质量有些恶化,发展速度为—6.08%,排名第三十位,黑龙江要着力推进多污染协同治理,有效改善大气环境质量。资源节约领域,城市水资源重复利用提高率为17.44%,排名第二,但万元地区生产总值能耗降低率、水资源开发强度降低率和工业固体废物综合利用提高率都降速比较明显,排名靠后,黑龙江要在环境改善和资源节约两个领域多下功夫,加强资源、能源循环利用。

上海的四个二级领域表现差异较大,发展速度都呈现出进步态势。环境改善领域,空气质量下降明显,排名倒数第一,但地表水体质量有明显改善,进步速度为13.51%,位列全国第四。资源节约领域,上海的水资源开发强度降低率为27.92%,排名全国第二位。上海要提升生态文明建设水平,就要积极推进生态城市建设,合理配置产业、人口、基础设施、公共服务设施等经济社会要素,保护好耕地、绿地和水资源,治理好大气、水和土壤污染,促进资源、能源节约和可持续利用,保护和改善生态环境。

陕西的总体发展速度略高于全国平均速度,各二级领域表现也有较大差别,生态保护和环境改善领域总体略有进步,资源节约领域有一定退步,排放减害是陕西进步最大的领域。环境改善领域的三级指标中,陕西的空气质量进步最为明显,发展速度为22.04%,位列全国第三,城乡卫生情况也有较大的改善,但是陕西的地表水体质量改善缓慢,排名倒数第二。资源节约领域,陕西的工业固体废物循环利用发展较好,但其他几个指标表现较差。排放减害领域总体控制较好,尤其是大气污染物控制表现不错,排名比较靠前。在以后的生态文明建设中,陕西还要加强节能减排和资源综合利用,加大林草地生态保护,强化"三北"防护林建设,切实保护煤矿开采区地下水资源,加快采煤沉陷区综合治理及矿山生态修复。

表 2-14　2016 年中间型省份生态文明发展的三级指标评价结果(2)

单位:(%)/名次

二级指标	三级指标	吉林	黑龙江	上海	陕西	甘肃
生态保护	森林面积增长率	—	—	—	—	—
	森林质量提高率	—	—	—	—	—
	自然保护区面积增加率	2.99/2	0.38/9	0/14	0.01/13	0/14
	建成区绿化覆盖增加率	0.67/6	−0.44/17	0.18/11	0.27/10	−1.98/26
	湿地资源增长率	—	—	—	—	—
环境改善	空气质量改善	−0.84/27	−6.08/30	−9.35/31	22.04/3	−1.08/28
	地表水体质量改善	−4.94/26	1.98/16	13.51/4	−13.6/30	12.71/6
	化肥施用合理化	−0.87/22	−0.78/21	−2.48/28	−0.24/18	0.43/11
	农药施用合理化	−3.47/29	5.6/2	0.72/17	−1.8/26	−0.54/22
	城市生活垃圾无害化提高率	36.81/1	32.93/2	0/22	2.34/10	2.62/9
	农村卫生厕所普及提高率	−0.08/30	1.99/20	2.23/18	9.1/5	4.19/10
资源节约	万元地区生产总值能耗降低率	6.64/6	−1.13/26	3.64/14	−2.48/27	−0.71/25
	水资源开发强度降低率	7.2/15	−13.19/24	27.92/2	−7.1/21	−19.01/26
	工业固体废物综合利用提高率	−21.17/30	−10.84/23	−1.4/19	3.92/7	5.19/5
	城市水资源重复利用提高率	1.46/8	17.44/2	—	0.12/16	−1.25/24
排放减害	化学需氧量排放效应优化	−2.54/28	4.09/18	33.18/9	15.71/16	38.72/7
	氨氮排放效应优化	−1.91/26	6.13/20	28.05/11	16.86/16	39.03/6
	二氧化硫排放效应优化	1.68/26	−2.88/30	−0.17/28	22.88/3	−0.21/29
	氮氧化物排放效应优化	7.89/26	6.03/29	0.35/30	27.16/4	6.43/28
	烟(粉)尘排放效应优化	5.05/29	13.59/21	6.02/28	30.25/5	13.63/20

　　甘肃的四个二级领域中,生态保护和资源节约领域略有退步,环境改善领域有所进步,排放减害领域进步最大。生态保护领域的三级指标中,建成区绿化覆盖增加率为−1.98%,位列全国第二十六名,排名靠后。环境改善领域中,空气质量有一定的退步,排名靠后,地表水体质量有较大改善,发展速度为12.71%,位列全国第六名。资源节约领域,只有工业固体废物综合利用提高率有所进步,其他几个指标都有退步,排名也较靠后。排放减害领域,水体污染物排放效应优化进步较大,化学需氧量和氨氮排放效应优化分别为38.72%和39.03%,位列全国第七和第六位,大气污染物排放还需严加控制。甘肃要在以后的生态文明建设中,加快推进国家生态安全屏障综合试验区建设,大力实施大气、水、土壤污染防治行动计划,加强自然保护区保护与管理,促进生态环境质量不断改善。

七、生态文明发展类型分析结论

1. 生态文明发展增速省份增多，各省份所属类型分布更为均衡

首先，综合2014、2015、2016三个年度各省份所属类型来看，只有山西、海南、贵州、吉林和陕西五个省份始终保持稳定，没有发生类型变化。山西在三个年度一直属于追赶型省份，说明其发展速度一直都相对较快，希望能继续保持发展；海南一直处在前滞型，其基础水平虽然不错，但是发展速度却一直较低；贵州、吉林和陕西三省一直处于中间型，其基础水平和发展速度都有待进一步提高。其次，从2015和2016年度各省份类型变化来看，领跑型和追赶型省份数目增加，前滞型和后滞型省份数目基本稳定，中间型省份数目明显减少，说明发展速度提高的省份在逐渐增多，中国的生态文明建设在稳步发展（表2-15）。

具体到各省的类型变化来看，领跑型省份数目由两个增加为四个，其中云南没有变化，新增的重庆、福建和湖南省2015年为中间型，2016年变为领跑型，不但基础水平不错，发展速度也进一步提升，所以由中间型省份转变为领跑型省份。

追赶型省份由五个增加到九个，内蒙古、山西、河北三省没有变化，新增加的新疆、安徽、湖北、山东、河南、宁夏都是由后滞型和中间型转变为追赶型省份，所以这几个省份都在加速发展，尤其是新疆和宁夏整体发展速度最快，都超过了10%，其中宁夏在环境改善和排放减害两方面进步最大，主要源于宁夏的优于Ⅲ类水质河长增加达到了194.40%，水体污染物排放变化效应进步速度达到79%以上。

前滞型省份由五个增加到六个，其中海南和江西没有变化，西藏发展速度变缓，由中间型变为前滞型，西藏退步的主要原因是其农业面源污染和大气、水体污染物排放控制较差，影响了整体的发展；浙江的基础水平进一步夯实，发展速度有待提高；四川由领跑型变为前滞型，其发展速度变缓，主要受到其水资源开发强度降低率的影响。

后滞型省份由四个减少到三个，其中天津由追赶型变为后滞型，其发展速度下降较快，主要受到其水体质量下降和水体污染物排放增加的影响。辽宁变为后滞型，主要是受到了资源节约和排放减害两个领域降速的影响。

中间型省份由十五个减少到九个，其中吉林、黑龙江、陕西、甘肃和贵州五个省份没有变化，北京、广东和广西三个省份由前滞型变为中间型，说明其发展速度有小幅回升，基础水平优势在逐渐缩小。上海由追赶型变为中间型，可以看出其发展速度在经过加速提升后2016年度又回归正常。

表 2-15 2015—2016 年生态文明进展类型的变动情况

		生态文明发展类型					年度稳定省份
		领跑型	追赶型	前滞型	后滞型	中间型	
2016年度	省份	重庆、云南、福建、湖南	新疆、内蒙古、安徽、湖北、山东、山西、河南、宁夏、河北	西藏、海南、江西、浙江、青海、四川	辽宁、江苏、天津	广东、广西、北京、贵州、吉林、黑龙江、上海、陕西、甘肃	山西、海南、贵州、吉林、陕西
	总计	4	9	6	3	9	
2015年度	省份	四川、云南	河北、内蒙古、山西、上海、天津	北京、广东、广西、海南、江西	河南、宁夏、山东、新疆	福建、黑龙江、湖南、青海、西藏、贵州、重庆、浙江、吉林、辽宁、安徽、甘肃、湖北、江苏、陕西	
	总计	2	5	5	4	15	
2014年度	省份	广东、广西、江西、辽宁、浙江	甘肃、江苏、宁夏、山东、山西	福建、海南、黑龙江、湖南、四川、西藏、云南	上海、天津	安徽、北京、贵州、河北、河南、湖北、吉林、内蒙古、青海、陕西、新疆、重庆	
	总计	5	5	7	2	12	

总之,通过对各省份发展类型的分析,我们可以看出,2016 年度,中国生态文明整体上是有积极进展的,大部分省份在环境改善和排放减害两方面都取得了积极的进步,还需要再接再厉,努力提高生态文明建设水平。

2. 各类型二级领域的表现

从二级领域来看,环境改善和排放减害两个领域表现较好,是提升总体发展速度的主要贡献指标。2016 年度与 2015 年度相比,高于全国均值的二级指标领域总体增加,低于全国均值的二级指标领域总体减少。

从各个类型的二级指标来看,2015 年度和 2016 年度,前滞型省份类型平均值高于全国均值的二级领域没有变化,其各二级领域类型平均值都低于全国平均速度;领跑型省份、追赶型省份和中间型省份环境改善和排放减害领域进步较大,后滞型省份生态保护和资源节约领域表现有所进步。

表 2-16　2015 年和 2016 年生态文明发展类型的二级领域状况比较

	高于全国均值		低于全国均值	
	2015 年	2016 年	2015 年	2016 年
领跑型	资源节约、排放减害	生态保护、环境改善、排放减害	生态保护、环境改善	资源节约
追赶型	生态保护、环境改善、排放减害	环境改善、排放减害	资源节约	生态保护、资源节约
前滞型	—	—	生态保护、环境改善、资源节约、排放减害	生态保护、环境改善、资源节约、排放减害
后滞型	—	生态保护、资源节约	生态保护、环境改善、资源节约、排放减害	环境改善、排放减害
中间型	生态保护、资源节约	生态保护、环境改善、资源节约、排放减害	环境改善、排放减害	—

3. 领跑型和追赶型省份排放减害发挥优势明显

领跑型和追赶型省份优势主要体现在环境改善和排放减害两个方面,尤其是排放减害领域发展速度相对较快,是领跑型和追赶型省份整体发展速度提高的主要影响因素,在以后的发展过程中,还要继续保持这一优势,并补齐短板,全面提升生态文明建设水平。

领跑型和追赶型省份在生态保护和资源节约方面还存在很多问题需要解决,要加大生态保护力度,着力解决突出环境问题,坚持节约优先、保护优先、自然恢复为主的方针,形成资源节约和保护环境的空间格局和生产生活方式,并努力发展循环经济,实现资源的循环利用,从而推动绿色发展。

4. 前滞型和后滞型省份并非全面落后

前滞型和后滞型省份虽然在整体上发展速度相对较慢,但也并非是全面落后。从前滞型省份各二级指标来看,其类型平均值都低于全国平均速度,尤其是其环境改善和资源节约方面退步较为明显,其中海南和青海的资源节约表现最差,但是青海和四川在排放减害领域进步较大。

后滞型省份虽然整体发展速度相对较低,四个二级领域发展速度也相对缓慢,但是值得欣喜的是,后滞型省份在生态保护和资源节约两个领域的发展速度都超过全国均值,并且三个后滞型省份各二级领域都是在进步的,没有出现退步,发展速度虽慢但都在稳步发展。

5. 中间型省份还需全面发力

中间型省份具体分多种情况,其中有的中间型省份基础水平相差较大,还有的中间型省份发展速度相差较大,所以还要具体省份具体分析。总体来说,中间型省份 2016 年度有所进步,且总体发展速度略高于全国均速,四个二级领域的发展速度都略高于全国平均值。但从中间型省份的各二级领域来看,其生态保护、环境改善和资源节约发展速度都相对较低,排放减害虽比前三个领域进步较大,但还需努力,中间型省份必须要根据各省份的特点,不但要保证生态系统的稳定发展,还要改善环境质量,在节能减排上下大功夫,找准方向,实现全面协调可持续发展。

6. 东、西部各省份生态文明发展所属类型数目比较

在各省份生态文明发展类型中,东、西部的领跑型省份和前滞型省份数目相同,分别为两个和三个;中间型省份中,东部有三个,西部有四个,相差不大;追赶型省份中,东部有六个,西部有三个;后滞型省份中,东部有两个,西部为 0 个。总体而言,西部省份基础水平较高,发展速度得分排在前四位的也都是西部省份,总体发展态势良好,还需继续保持发展势头;东部省份需更加努力,全面提高生态文明建设水平,从而提高中国整体生态文明建设水平。

表 2-17 东、西部各省份生态文明发展所属类型数目比较

发展类型	东部省份所属类型数目	西部省份所属类型数目
领跑型	2	2
追赶型	6	3
前滞型	3	3
后滞型	2	0
中间型	3	4

第三章　中国生态文明发展态势和驱动分析

生态文明发展指数（ECPI）是对本年和上年的生态文明绝对水平进行量化比较,探究的是其生态文明水平年度间的发展速度;而生态文明发展速度进步率则是对本年和上年的生态文明发展指数进行量化比较,即对绝对速度进行量化比较,它是发展速度的加速度,反映生态文明建设进程是加快、平稳还是放缓。进步率为正,表明其相关领域在加速发展;反之,则在减速发展。生态文明的驱动因素分析是考察对生态文明建设起到关键影响作用的因素以及各因素间的相互作用,采用了皮尔逊积差相关,选择可信度较高的双尾检验方法,通过 SPSS 统计软件对一、二、三级指标进行了相关性分析。

从发展速度上看,全国层面和绝大多数省份均处于持续进步状态。

在发展速度进步率方面,生态文明建设总体态势可概括为:全国生态文明发展进程呈现加速势头,扭转前两年放缓的趋势。

在驱动分析方面,资源节约对总体生态文明发展速度进步起到较大的影响作用,提示发展绿色生产、绿色生活的重要性。而排放减害与环境改善相关度较高,表明解决环境改善问题应从排放减害方面着手。

一、中国生态文明发展态势分析

2016 年,生态文明发展稳步向前推进,生态文明发展速度为 3.90%,在 ECPI 评价的四个二级指标中,除生态保护小幅退步(－0.05%)外,其余三个二级指标都有不同程度的进步;在二十个三级指标中,除三个指标(森林覆盖率增长率、单位森林面积蓄积量增长率以及湿地资源增长率)由于没有更新统计数据,无法进行比较,其余十七个指标绝大部分均呈增长趋势(十五个指标呈增长趋势,建成区绿化覆盖增加率、工业固体废物综合利用提高率两个指标呈退步趋势)。

全国生态文明建设总体水平连续多年持续上升。但是,进步有快慢之分,趋势有加快和放缓之别。为表示进步的快慢,我们进行了生态文明发展速度变化率的计算和分析。

1. 全国生态文明建设速度恢复加速势头

从发展速度进步快慢上看,前两年均处于减慢态势,ECPI 进步率分别为

−0.40％、−0.74％,[1][2]而在 2016 年,全国生态文明发展速度恢复加速势头,ECPI 进步率为 0.71％(表 3-1),扭转前两年生态文明发展减速的局面。但其是否为今后的拐点,尚需在今后的研究中证实。

表 3-1   2016 年度全国生态文明发展速度变化率

	ECPI	ECPI 进步率	生态保护	环境改善	资源节约	排放减害
发展速度变化率/(％)	3.90	0.71	−0.44	−2.31	1.95	3.64

2. 生态文明发展的四个领域之二升二降

在评价的四个二级指标中,排放减害发展速度由前两年的大幅减速逆转为大幅提速,资源节约发展速度也快于去年;环境改善和生态保护发展速度均由加快态势转变为放缓态势。全国总体生态文明发展速度变化率表现为正,也即发展速度加快(图 3-1,表 3-1)。

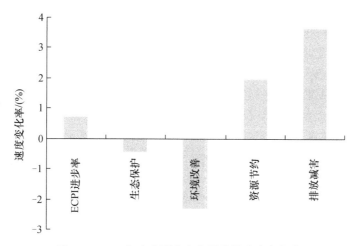

图 3-1   2016 年度全国生态文明发展速度变化率

(1) 排放减害一改前两年下降颓势,呈现较高水平的提速。

随着中国节能减排工作的持续推进,排放减害的绝对水平在不断进步,进步速度在经历了两年的减速后,转为较大幅度的增速(表 3-2)。各三级指标从发展速度来看,均在进步。但是从进步率来看,程度不一。其中,水体污染物排放减害指标均呈现稳中有升的态势,进步速度略快于 2015 年度。如化学需氧量排放效应优化和氨氮排放效应优化分别呈现出 1.52％和 1.59％的进步率,水体富营养化

---

①   严耕,等. 中国生态文明建设发展报告 2014. 北京:北京大学出版社,2015.

②   严耕,等. 中国生态文明建设发展报告 2015. 北京:北京大学出版社,2016.

状况在加速好转。大气污染物排放效应优化指标进步程度不一:大颗粒污染物如烟(粉)尘的排放效应优化的发展速度有较大的进步,进步率为34.66%。但是,一些小颗粒污染物如二氧化硫、氮氧化物的排放效应优化的进步速度则在减退。也许与空气污染治理的重点转移有关。

表 3-2　排放减害方面发展速度和进步率

单位:%

	化学需氧量排放效应优化	氨氮排放效应优化	二氧化硫排放效应优化	氮氧化物排放效应优化	烟(粉)尘排放效应优化	总体排放减害
2015—2016年发展速度	12.72	13.18	7.69	12.67	13.38	12.32
进步率	1.52	1.59	−6.29	−4.25	34.66	3.64

(2)资源节约处在加速发展时期,发展速度持续加快。

资源节约的绝对水平在稳中求进,进步速度也在稳中有升(表 3-3)。说明资源、能源的节约和利用效率在持续改进和提高,呈现稳步发展的态势。三级指标中,仅工业固体废物综合利用提高率呈现负的增长率和进步率,其他指标均呈现不同幅度的加速发展态势。首先,在经济发展能耗方面呈现出最大幅度的进步和进步加速度,体现了经济发展方式的转型优化在加速发展,绿色经济在加速发展。其次,水资源的重复再利用水平在持续稳步提高,反映用水总量占水资源总量的水资源开发强度得到了较大力度的控制,表明水资源的节约使用状况良好,资源消耗越来越以当地实际承载力为基础。唯一呈下降态势的是反映固体资源利用产出效率的工业固体废物综合利用提高率,这说明循环经济发展尚不全面,资源循环利用回收体系发展尚不完善,应更加重视发展创新科技,推动资源循环利用,变废为宝,通过此举还可以减少废弃物对环境的污染。

表 3-3　资源节约方面发展速度和进步率

单位:%

	万元地区生产总值能耗降低率	水资源开发强度降低率	工业固体废物综合利用提高率	城市水资源重复利用提高率	总体资源节约
2015—2016年发展速度	5.15	2.35	−3.14	0.88	1.48
进步率	5.15	3.42	−3.00	1.88	1.95

(3)环境改善建设推进速度有减缓态势。

环境改善水平相较于 2015 年度虽有进步,但进步的速度放缓。各三级指标的发展速度虽不一致,但均在上升。从进步率来看,进步快慢不一,很多指标的发展速度在减慢,仅农村面源污染指标进步速度加快(表 3-4)。大气环境改善进步速度放缓幅度最大,仔细分析,发现在 2015 年度进步幅度较大,而 2016 年度进步幅度较小,导致 2016 年度进步率较小,可能发展进入瓶颈期,目前尚需推进绿色发展,减少对大气环境的污染。地表水环境改善进步速度也有所放缓。土地环境中反映农村环境的农村卫生厕所普及率进步放缓。也许因为发展遇瓶颈。2016 年全国农村卫生厕所普及率为 78.4%,部分省份已达 90% 之多,发展不平衡,目前尚需加速完善。反映城市环境的城市生活垃圾无害化提高率进步率为负,国家"十二五"规划提出,城市生活垃圾无害化率达到 80%,而 2016 年大部分地区已近 90%,全国达到了 94.1%,但是与之相应的进步率仅仅为 -0.27%,为退步态势,这项指标意味着这方面的发展已趋于完善,上升空间小。农村面源污染状况加速改善,其发展速度水平并不是最高,但是其发展速度进步率最大,也许与化肥使用零增长政策相关。①

表 3-4   环境改善方面发展速度和进步率   单位:%

	好于二级天气天数比例增长率	优于Ⅲ类水质河长增加率	化肥施用合理化	农药施用合理化	城市生活垃圾无害化提高率	农村卫生厕所普及提高率	总体环境改善
2015—2016 年发展速度	2.00	1.92	0.12	1.88	2.52	3.09	1.83
进步率	-10.30	-4.20	1.04	0.70	-0.27	-2.96	-2.31

(4)生态保护水平与进步速度总体稳定。

生态保护的发展速度和进步率均有较小的绝对值,说明其发展速度和发展速度进步幅度均较小(表 3-5)。数据显示,生态保护发展速度和进步率均为负数,即均为下降态势。森林覆盖率、单位森林面积蓄积量以及湿地面积等数据更新周期为五年,更新尚未跟进,增长率在此表示为 0。但是从现实来看,森林建设等在不断进行,因此生态保护发展尚不能确定为减速。国家"十二五"规划提出的森林覆盖率提高到 21.66%,目前数据显示,全国为 21.63%,接近目标。除去三个未统计指标外,生物多样性保护的重要载体——自然保护区的面积虽有小幅度增加,但是相比于 2015 年度,增长速度放缓。城市生态建设水平和增速均有下降,可能因为城镇扩张,绿化工作未有及时跟进。总体来看,生态保护建设是在稳步发展的。

① 中华人民共和国农业部. 农业部关于印发《到 2020 年化肥使用量零增长行动方案》和《到 2020 年农药使用量零增长行动方案》的通知.(2015-03-18)[2018-11-08]. http://www.moa.gov.cn/zwllm/tzgg/tz/201503/t20150318_4444765.htm.

表 3-5   生态保护方面发展速度和进步率   单位:%

	森林覆盖率增长率	单位森林面积蓄积量增长率	自然保护区面积增加率	建成区绿化覆盖增加率	湿地资源增长率	生态保护
2015—2016发展速度	0	0	0.03	−0.25	0	−0.05
进步率	0	0	−0.44	−1.56	0	−0.44

3. 各省份生态文明发展态势分析

为了解各地区生态文明发展的变动情况,对全国三十一个省份生态文明发展速度变化率的分析和排名如下。

(1)各省份发展速度差异缩小,排放减害仍起重要作用,资源节约和环境改善作用突出。

2016 年度,三十一个省份生态文明发展速度变化率数据显示,有十四个省份生态文明发展增速,十七个省份发展减速(图 3-2,表 3-6)。绝大多数省份总体生态文明发展速度变化率在 20% 以内,仅有减速较快的两个省份变化幅度较大:上海和云南进步率分别为 −32.17%、−145.68%。增速最快的为新疆(16.96%),减速最快的为云南。

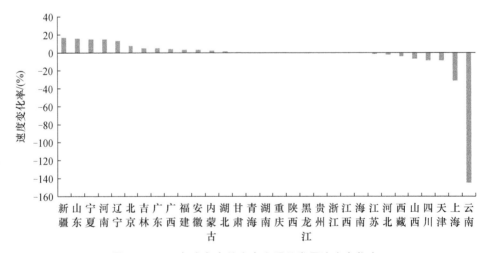

图 3-2   2016 年度各省份生态文明总发展速度变化率

表 3-6   2016 年度各省份生态文明总发展速度变化率及排名   单位：%

排名	省份	发展速度	总发展速度变化率	排名	省份	发展速度	总发展速度变化率
1	新疆	11.17	16.96	17	重庆	8.94	-0.27
2	山东	8.40	16.02	18	陕西	5.80	-0.37
3	宁夏	17.02	15.29	19	黑龙江	2.28	-0.84
4	河南	8.30	15.26	20	贵州	5.37	-0.86
5	辽宁	0.82	13.46	21	浙江	3.58	-0.94
6	北京	5.57	8.54	22	江西	1.86	-0.95
7	吉林	1.11	5.36	23	海南	-3.59	-1.23
8	广东	5.45	5.24	24	江苏	3.70	-2.04
9	广西	5.62	4.93	25	河北	8.54	-2.49
10	福建	6.55	3.87	26	西藏	-1.44	-4.33
11	安徽	7.83	3.67	27	山西	7.85	-6.87
12	内蒙古	9.35	2.93	28	四川	4.49	-8.64
13	湖北	7.23	2.01	29	天津	1.90	-8.97
14	甘肃	5.59	0.72	30	上海	5.95	-32.17
15	青海	4.20	-0.01	31	云南	6.56	-145.68
16	湖南	6.74	-0.06				

对增速最高的四个省份进行分析,山东、宁夏、河南三省排放减害贡献最大;对于新疆,排放减害则为第二贡献指标,资源节约为第一贡献指标。在八个最大贡献指标中,资源节约有三个,排放减害有四个(表 3-7)。

表 3-7   ECPI 进步率最高的四个省份二级指标贡献分析

排名	省份	ECPI进步率	第一贡献二级指标	第二贡献二级指标
1	新疆	16.96%	资源节约(31.31%)	排放减害(21.52%)
2	山东	16.02%	排放减害(38.78%)	资源节约(20.55%)
3	宁夏	15.29%	排放减害(42.35%)	环境改善(28.29%)
4	河南	15.26%	排放减害(74.95%)	资源节约(-8.40%)

对减速最快的四个省份进行分析,四川、天津两省份排放减害贡献最大;对于上海、云南,排放减害则为第二贡献指标(表 3-8)。在八个最大贡献指标中,排放减害占四个,环境改善占三个。

表 3-8　ECPI 变化率最低的四个省份二级指标贡献分析

排名	省份	ECPI 进步率	第一贡献 二级指标	第二贡献 二级指标
28	四川	−8.64%	排放减害(−19.23%)	环境改善(−12.98%)
29	天津	−8.97%	排放减害(−24.08%)	环境改善(−20.02%)
30	上海	−32.17%	环境改善(−89.23%)	排放减害(−23.02%)
31	云南	−145.68%	资源节约(−590.94%)	排放减害(10.55%)

　　由上述分别对 ECPI 变化率最高和最低的四个省份进行的二级指标贡献分析发现,排放减害的影响依然很大。另外,资源节约带动了一些省份的 ECPI 进步率,环境改善拉低了一些省份的 ECPI 退步率。

　　(2) 1/3 省份生态保护在小幅加速,其余省份在小幅减速。

　　2016 年度,三十一个省份生态保护发展速度变化率数据显示,十二个省份生态保护发展增速,十九个在减速(图 3-3,表 3-9)。增速最快的是四川,减速最大的是西藏。

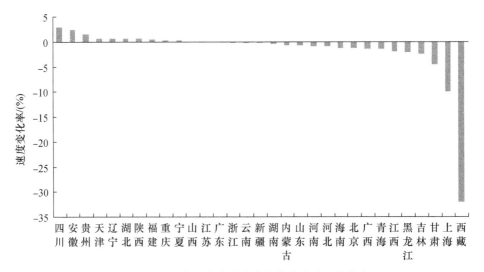

图 3-3　2016 年度各省份生态保护发展速度变化率

　　虽然有较多的地区生态保护在减速,但如前所述,森林生态系统和湿地生态系统方面数据未有跟进,因此,计算数值也许偏小。

　　发展增速最大的前两个省份四川和安徽,最大贡献的三级指标均为自然保护区面积增加率(表 3-10),说明自然保护区的加速建设促进了生态系统活力的增强。

表 3-9　2016 年度各省份生态保护发展速度变化率及排名　　　　单位:%

排名	省份	发展速度	生态保护	排名	省份	生态保护	发展速度
1	四川	0.64	2.84	17	湖南	−0.46	0.60
2	安徽	0.17	2.42	18	内蒙古	−0.73	−0.22
3	贵州	1.33	1.44	19	山东	−0.76	−0.28
4	天津	0.92	0.72	20	河南	−0.85	−0.37
5	辽宁	0.17	0.71	21	河北	−0.88	−0.56
6	湖北	0.49	0.67	22	海南	−1.28	−1.94
7	陕西	0.06	0.59	23	北京	−1.29	−0.33
8	福建	0.69	0.43	24	广西	−1.37	−0.98
9	重庆	−0.46	0.28	25	青海	−1.40	−1.25
10	宁夏	−0.06	0.24	26	江西	−1.93	−1.37
11	山西	0.03	0.04	27	黑龙江	−2.18	−0.02
12	江苏	0.11	0.02	28	吉林	−2.51	0.81
13	广东	−0.07	−0.09	29	甘肃	−4.63	−0.44
14	浙江	0.05	−0.20	30	上海	−9.92	0.04
15	云南	−0.19	−0.20	31	西藏	−32.11	−0.59
16	新疆	0.23	−0.29				

表 3-10　生态保护发展进步率前两名与后两名　　　　单位:%

排名	省份	森林覆盖率增长率	单位森林面积蓄积量增长率	自然保护区面积增加率	建成区绿化覆盖增加率	湿地资源增长率	二级指标生态保护
1	四川	0	0	7.43	5.36	0	2.84
2	安徽	0	0	14.13	−3.26	0	2.42
30	上海	0	0	−44.77	0.10	0	−9.92
31	西藏	0	0	0.00	−144.47	0	−32.11

西藏生态保护减速最快(−32.11%),主要是由于城市生态建设的大幅降速,也许是因为城市扩建造成的;上海(−9.92%)减速次之,分析显示其自然保护区面积在 2014—2015 年有大幅增长,在 2015—2016 年几乎没变,也许是因为 2015—2016 年自然保护建设成效不明显,也有可能由于其基数较大,上升空间小,显示度小。

(3) 近 2/3 省份环境改善在减速,地表水质改进减速是主要因素。

2015—2016 年,三十一个省份环境改善速度变化率数据显示,十个省份环境

改善在增速,二十一个在减速(图 3-4,表 3-11)。增速最快的为宁夏(28.29%),减速最快的为上海(-89.23%)(表 3-11)。

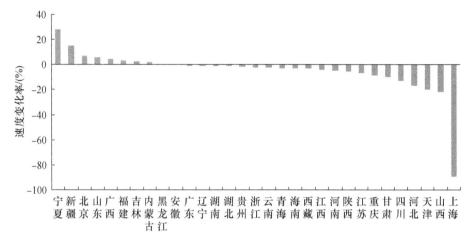

图 3-4　2016 年度各省份环境改善发展速度变化率

表 3-11　2016 年度各省份环境改善发展速度变化率及排名　　　　单位:%

排名	省份	发展速度	环境改善	排名	省份	发展速度	环境改善
1	宁夏	31.30	28.29	17	云南	0.09	-2.14
2	新疆	8.07	15.29	18	青海	1.61	-2.79
3	北京	-1.42	6.99	19	海南	-1.37	-2.91
4	山东	7.12	5.51	20	西藏	-3.85	-3.21
5	广西	3.79	4.31	21	江西	1.55	-4.31
6	福建	2.58	3.42	22	河南	2.49	-4.68
7	吉林	3.77	2.93	23	陕西	2.57	-5.16
8	内蒙古	11.35	2.24	24	江苏	0.13	-6.88
9	黑龙江	5.59	0.17	25	重庆	3.67	-8.42
10	安徽	5.93	0.11	26	甘肃	2.74	-9.93
11	广东	1.65	-0.85	27	四川	2.15	-12.98
12	辽宁	1.16	-0.97	28	河北	8.40	-16.43
13	湖南	3.71	-1.17	29	天津	0.88	-20.02
14	湖北	5.18	-1.36	30	山西	4.13	-21.53
15	贵州	3.36	-1.95	31	上海	0.60	-89.23
16	浙江	2.39	-2.06				

　　环境改善进步增速最大的省份为宁夏,主要源于地表水体质量改善的加速;新疆次之,农业面源污染改善进程加快有重要作用(表3-12)。

　　环境改善进步减速最大的两个省份为上海和山西,都主要源于地表水体质量改善的大幅减速。

表3-12　环境改善发展进步率前两名与后两名　　　　　　　　　单位:%

排名	省份	好于二级天气天数比例增长率	优于Ⅲ类水质河长增加率	化肥施用合理化	农药施用合理化	城市生活垃圾无害化提高率	农村卫生厕所普及提高率	二级指标环境改善
1	宁夏	8.51	189.36	−1.15	−5.88	−4.38	4.49	28.29
2	新疆	13.33	10.53	9.83	61.07	−6.04	−10.42	15.29
30	山西	−19.54	−131.31	−0.71	4.33	0.80	1.70	−21.53
31	上海	−22.36	−545.87	−2.96	−12.12	−10.38	3.82	−89.23

　　(4)接近半数省份资源节约有大幅度增速,高效、节约用水是关键所在。

　　2015—2016年,三十一个省份生态保护发展速度变化率数据显示,十四个省份资源节约发展在增速,十七个在减速(图3-5,表3-13)。增速最快的为辽宁(47.23%),减速最快的为云南(−590.94%)。

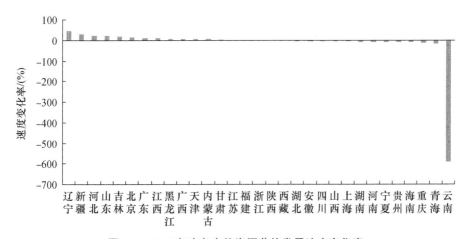

图3-5　2016年度各省份资源节约发展速度变化率

　　几个增速和减速最大的省份均主要源于水资源综合利用水平提高的大幅加速或大幅减速(表3-14)。如辽宁增速最快,源于水资源开发强度降低率的大幅增速;云南减速最快,源于城市水资源重复利用提高率的大幅减速。而发展变化率次高和次低的新疆和青海的最大贡献三级指标也是有关水资源合理开发与节约利用的指标。

表 3-13　2016 年度各省份资源节约发展速度变化率及排名　　　单位:%

排名	省份	发展速度	资源节约	排名	省份	发展速度	资源节约
1	辽宁	0.00	47.23	17	陕西	−1.22	−1.78
2	新疆	16.69	31.31	18	西藏	8.02	−1.87
3	河北	11.26	22.72	19	湖北	0.80	−4.04
4	山东	2.30	20.55	20	安徽	3.68	−4.48
5	吉林	−1.65	20.28	21	四川	−3.81	−5.21
6	北京	4.43	14.97	22	山西	−8.01	−5.65
7	广东	7.15	12.29	23	上海	6.66	−6.49
8	江西	5.76	11.47	24	湖南	6.24	−7.44
9	黑龙江	−2.32	8.54	25	河南	0.92	−8.40
10	广西	5.51	8.20	26	宁夏	−8.66	−9.74
11	天津	2.06	7.51	27	贵州	1.69	−9.75
12	内蒙古	−6.61	4.94	28	海南	−15.44	−9.76
13	甘肃	−3.12	4.71	29	重庆	−6.46	−14.12
14	江苏	8.73	0.67	30	青海	−10.56	−17.28
15	福建	0.34	−0.39	31	云南	4.43	−590.94
16	浙江	5.12	−1.56				

表 3-14　资源节约发展进步率前两名与后两名　　　单位:%

排名	省份	万元地区生产总值能耗降低率	水资源开发强度降低率	工业固体废物综合利用提高率	城市水资源重复利用提高率	二级指标资源节约
1	辽宁	−4.31	235.63	−2.52	−1.65	47.23
2	新疆	−4.70	52.60	−4.99	109.42	31.31
30	青海	−1.65	−61.07	−16.05	1.53	−17.28
31	云南	2.81	5.99	7.39	−2826.40	−590.94

（5）超 2/3 省份排放减害在增速,排放减害发展进程加快。

2015—2016 年,三十一个省份生态保护发展速度变化率数据显示,有二十三个省份排放减害发展在增速(图 3-6,表 3-15),省份数量和增速幅度均大于去年。[1]减速的省份仅有八个。增速最快的是河南（74.95%）,减速最快的是天津（−24.08%）。

① 严耕,等. 中国生态文明假设发展报告 2015. 北京:北京大学出版社,2016.

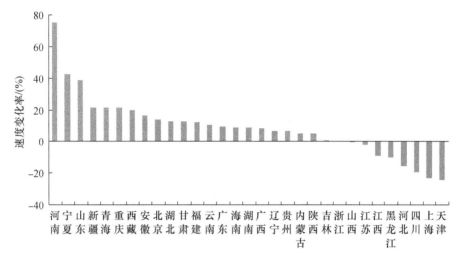

图 3-6   2016 年度各省份排放减害发展速度变化率

表 3-15   2016 年度各省份排放减害发展速度变化率及排名   单位：%

排名	省份	发展速度	排放减害	排名	省份	发展速度	排放减害
1	河南	30.15	74.95	17	广西	14.17	8.56
2	宁夏	45.49	42.35	18	辽宁	1.96	6.87
3	山东	24.45	38.78	19	贵州	15.10	6.83
4	新疆	19.68	21.52	20	内蒙古	32.89	5.28
5	青海	26.98	21.43	21	陕西	21.77	4.88
6	重庆	39.01	21.16	22	吉林	1.52	0.76
7	西藏	−9.33	19.87	23	浙江	6.74	0.07
8	安徽	21.52	16.64	24	山西	35.26	−0.36
9	北京	19.60	13.49	25	江苏	5.84	−1.99
10	湖北	22.46	12.76	26	江西	1.50	−9.01
11	甘肃	23.17	12.74	27	黑龙江	5.87	−9.87
12	福建	22.59	12.03	28	河北	15.05	−15.38
13	云南	21.93	10.55	29	四川	18.96	−19.23
14	广东	13.05	9.60	30	上海	16.48	−23.02
15	海南	4.39	9.04	31	天津	3.72	−24.08
16	湖南	16.42	8.85				

    增速最快的前两个省份河南和宁夏主要得益于水体污染物排放优化水平的加速提升，由于水体污染物排放优化是污染物排放量与优于Ⅲ类水质河长的比值，而优于Ⅲ类水质河长有大幅度变化；减速最快的两个省份天津和上海，也主要

源于水体污染物排放减害发展大幅减速,但是与此同时其大气污染物的某些指标如烟(粉)尘排放效应优化的增速较高,说明发展的不平衡也会拉低总体水平(表3-16)。

表 3-16　排放减害发展进步率前两名与后两名　　　　　　　　　单位:%

排名	省份	化学需氧量排放效应优化	氨氮排放效应优化	二氧化硫排放效应优化	氮氧化物排放效应优化	烟(粉)尘排放效应优化	二级指标排放减害
1	河南	142.85	141.46	−6.49	−4.30	29.30	74.95
2	宁夏	74.02	72.02	9.79	8.92	15.72	42.35
30	上海	−52.37	−57.18	−23.04	−22.23	60.91	−23.02
31	天津	−80.04	−78.69	7.95	4.21	73.70	−24.08

二、生态文明发展驱动分析

利用相关性分析来探讨生态文明发展的驱动因素。分析表明,当前制约中国生态文明发展速度快慢的最主要因素是资源节约,资源节约发展态势与总体发展态势呈现高度一致;排放减害成为环境改善的重要撬动力。

1. ECPI进步率与各二级指标的相关性

ECPI进步率与各二级指标的相关性程度,由高到低依次是:资源节约、环境改善、排放减害、生态保护(表3-17)。其中,资源节约与ECPI高度正相关,环境改善和排放减害与ECPI呈中度的不显著正相关,生态保护与ECPI呈低度的不显著正相关。

回顾近两年ECPI进步率与各二级指标的相关性(表1-7),2016年度的结果与前两年相比,有较大差异。具体如下:

环境改善和排放减害进步率与ECPI进步率的相关性由前两年的高度相关转变为不显著相关。与此同时,资源节约进步率与ECPI进步率近三年的相关性依次为显著相关、不显著相关、高度相关。[①]

通过一级指标与三级指标相关性分析,仅资源节约二级指标下的城市水资源重复利用提高率与一级指标高度相关,其余均为不显著相关(表3-17),据此推测,该指标所表征项对生态文明建设的影响遮蔽了其他项的影响。因此通过控制资源节约二级指标下的城市水资源重复利用提高率做了指标间的偏相关分析。各

---

① 高度相关,是指在采用双尾检验时,相关性在0.01水平上显著;显著相关,则指相关性在0.05水平上显著;相关性不显著或无显著相关,即指相关性在0.05水平上不显著。后同。

二级指标与一级指标的偏相关分析结果与前两年有较大的相似性,即环境改善和排放减害进步率与 ECPI 进步率高度正相关,其他两项指标与 ECPI 不显著相关。

表 3-17　与 ECPI 相关不显著的三级指标

所属二级指标	三级指标	与 ECPI 相关度
生态保护	自然保护区面积增加率	0.116
	建成区绿化覆盖增加率	0.006
环境改善	优于Ⅲ类水质河长增加率	0.212
	农药施用合理化	0.208
	城市生活垃圾无害化提高率	0.114
	化肥施用合理化	0.109
	好于二级天气天数比例增长率	0.090
	农村卫生厕所普及提高率	0.003
资源节约	城市水资源重复利用提高率	0.183
	水资源开发强度降低率	0.157
	工业固体废物综合利用提高率	−0.173
	万元地区生产总值能耗降低率	−0.229
排放减害	烟(粉)尘排放效应优化	0.238
	氮氧化物排放效应优化	0.167
	二氧化硫排放效应优化	0.143
	氨氮排放效应优化	0.139
	化学需氧量排放效应优化	0.128

(1)环境改善和排放减害对生态文明建设发展速度起到推波助澜的作用。

环境改善和排放减害与 ECPI 进步率的相关系数分别为 0.261、0.223。与总体发展进程的相关性呈现出降低的趋势,由极显著变为了不显著。这并不意味着这两项对生态文明建设不重要,经偏相关分析得出它们的重要性被资源节约所掩盖。在前面进步率态势分析中,ECPI 进步率最高和最低的省份,排放减害和环境改善方面的贡献较大,说明这两项二级指标对生态文明发展速度进步率的影响还是较大的。

(2)资源节约是促进生态文明建设加速向前发展的重要因素。

资源节约进步率与 ECPI 进步率的相关系数达 0.953,相关性之高表明:2015—2016 年资源节约方面的发展速度相比于 2013—2014 年的加速发展,与生态文明总体发展速度的进步趋势高度趋同,资源节约的加速发展显著促进了生态文明总体发展速度的快速推进。因此,当前我们应将节约资源、减量增效作为重

点,发展绿色创新科技,提高资源利用的效率,降低能耗、水耗,加大对水资源和固体废物的综合利用,促进循环经济的发展。在注重节约使用不可再生资源的同时,也要重视提高可再生和清洁能源的比例,以尽可能地实现资源、能源的减量增效。

(3) 生态保护是生态文明建设发展的潜在重要因素。

相关分析显示,ECPI进步率与生态保护相关度较弱,这是因为生态保护见效周期长,并不意味着生态保护对生态文明发展的重要性小,而是更本质、更关键。因为生态活力水平决定了环境承载力、污染吸纳力以及资源供给量,生态保护是居于评价指标的中心位置,具有重要的核心地位。生态是"一体两用"之体,生态文明的要义即人与自然和谐发展,自然以生态系统的形式存在,也即生态系统健康发展是生态文明的关键要义。因此,生态保护应作为生态文明建设的出发点和落脚点。

由于中国改革开放以来的工业化进程,使得环境污染问题日益凸显,而在这背后是更深层次的生态破坏问题。当前各地方生态系统已遭到不同程度的破坏,而生态修复是一个缓慢的过程。这就要求我们将生态保护始终放在生态文明建设的核心位置,实行"治标更治本,标本兼治",从根本上改变发展的不可持续性。

2. 二级指标相关性分析

各二级指标间相关性为:排放减害与环境改善呈高度正相关(0.505),其他二级指标之间呈低度的不显著相关(表3-18)。大部分指标间相关性不显著,表明各二级指标间保持了较好的独立性,能够较好地代表各自的领域。由于控制了城市水资源重复利用提高率之后的偏相关分析结果与此类似,因此未列出偏相关分析结果。

环境改善与排放减害显著正相关,也许是因为排放减害下属的五个三级指标是与环境水体和空气质量直接相关联的。因此,这在较大程度上增强了两者的相关性。这也提示我们,环境改善可以优化污染物排放为着手点,减少污染物对环境的损害。

排放减害和环境改善呈现的高度相关性,表明环境改善和排放减害密切相关,也揭示了当前绿色发展的方向。排放减害指标主要涉及大气、水等污染物排放效应的优化。排放减害水平的提高,意味着污染物对环境破坏的降低,也即环境改善的提高;同样,环境改善水平的提高,有益于生态的修复,相应的环境容量增大,同等污染物造成的环境破坏力相应减小。要做到优化污染物排放效应,就应加快产业结构升级、淘汰高耗能、高污染企业,降低污染物排放量,提高人类赖以生存的环境的质量。

表 3-18　二级指标之间相关性

	生态保护	环境改善	资源节约	排放减害
生态保护	1	0.219	−0.038	−0.032
环境改善		1	−0.003	0.505** ①
资源节约			1	−0.035
排放减害				1

3．二级指标与三级指标的相关性分析

（1）生态保护：城市生态系统稳步推进，自然保护区作用增大。

生态保护发展进步率与其下的建成区绿化覆盖增加率高度正相关。生态系统保护主要指标涉及三个方面：森林生态系统、生物多样性和城市生态系统。由于反映森林生态系统的森林面积和森林质量以及反映湿地生态保护的指标未有更新数据，因此变化率设定为零，在此处无法进行相关分析。从现有数据看，两项指标与生态保护的相关系数均大于去年②（表 3-19）。2013—2015 年生态保护的小幅减速与建成区绿化覆盖增加率的减速有关，而后者是因为建成区扩张，绿化未跟进所致，因此实际水平是比显示水平高的。城市生态建设直接关乎民生福祉，生态保护的推进可从城市生态系统的建设着手，提高人居环境质量。

表 3-19　生态保护与其三级指标的相关性

	森林覆盖率增长率	单位森林面积蓄积量增长率	自然保护区面积增加率	建成区绿化覆盖增加率	湿地资源增长率
生态保护	—	—	0.306	0.931**	—

（2）环境改善：水体质量仍为环境改善的主要影响因素。

环境改善与其下的优于Ⅲ类水质河长增加率相关性最强（表 3-20），呈高度正相关（0.952）。这反映出地表水体质量是环境改善的重要影响因素。环境改善发展速度在 2016 年度放缓，与地表水体质量改善的减速发展有关。空气质量改善进程对环境改善的影响程度次之。近年来，空气质量持续改善，只是发展进程有所减速，也是环境改善有所减速的一个影响因素。农业土壤面源污染与环境改善的关系越来越明显，提示土壤环境的重要性越来越突出。长期以来，化肥、农药的过量不合理施用是导致土地质量退化、污染加剧的重要因素。近年来农药的施用总量得到控制，化肥的施用总量仍在上升，响应化肥零增长的号召势在必行。控制优于Ⅲ类水质河长增加率后，对环境改善和其三级指标进行偏相关分析可得出

---

① ＊，相关性在 0.05 水平显著；＊＊，相关性在 0.01 水平显著，后同。

② 严耕，等．中国生态文明建设发展报告 2015[M]．北京：北京大学出版社，2016.

类似的结论。

表 3-20　环境改善与其三级指标的相关性

	好于二级天气天数比例增长率	优于Ⅲ类水质河长增加率	化肥施用合理化	农药施用合理化	城市生活垃圾无害化提高率	农村卫生厕所普及提高率
环境改善(未控制Ⅲ类水质河长增加率)	0.342	0.952**	0.227	0.323	0.133	−0.254
环境改善(控制Ⅲ类水质河长增加率)	0.780**	—	0.364*	0.551**	0.239	−0.275

（3）资源节约：高效、节约用水是关键。

城市水资源重复利用提高率与资源节约发展进步率呈高度正相关（表 3-21），相关系数达 0.993，与二级指标资源节约和一级指标 ECPI 的相关性都是排名第一。控制城市水资源重复利用提高率后进行的偏相关分析显示，水资源开发强度降低率与资源节约高度相关。这说明水资源的高效合理利用已经成为影响资源节约乃至生态文明的首要因素。但是各地水资源重复利用差异较大，有部分地区发展进入瓶颈，部分地区发展势头强劲，拉大了地区间资源节约的差别。支撑着人类生存、发展的主要资源、能源均取之于生态系统，大量攫取、浪费性地使用，会使生态系统不堪重负，不可再生资源有限的储量也将难以为继。中国经济社会发展应摆脱对资源、能源的过度依赖，创新发展科技技术，节约、集约利用资源，推行循环型生产，节能降耗，助推循环型经济的发展。

表 3-21　资源节约与其三级指标的相关性

	万元地区生产总值能耗降低率	水资源开发强度降低率	工业固体废物综合利用提高率	城市水资源重复利用提高率
资源节约	−0.278	0.152	−0.107	0.993**
资源节约(偏相关)	−0.234	0.958**	0.205	—

（4）排放减害：水体污染治理仍为重心，大气污染治理日趋紧迫。

水体中化学需氧量和氨氮污染指标与排放减害发展进步率高度相关（表3-22），相关系数分别达 0.906，0.909，高于其他污染物与排放减害二级指标的相关性。二氧化硫排放和氮氧化物排放效应优化与排放减害的相关性次之，也是高度相关。这一结果表明水体污染的治理对排放减害依然居于不可动摇的重要位置，空气污染物排放效应由相关不显著变为显著，说明空气质量的改善正发挥越来越重要的作用。水体、大气污染物排放与生态环境承载能力的协调提高助力了污染物对环境损害的减弱。

表 3-22　排放减害与其三级指标的相关性

	化学需氧量 排放效应优化	氨氮排放 效应优化	二氧化硫排 放效应优化	氮氧化物排 放效应优化	烟(粉)尘排 放效应优化
排放减害	0.906**	0.909**	0.394*	0.486**	0.172

4. ECPI 进步率与三级指标相关性分析

ECPI 进步率与三级指标的相关性分析显示,一个三级指标(城市水资源重复利用提高率)与 ECPI 进步率高度相关,十六个三级指标相关性不显著,三个指标由于统计时间问题存在数据缺失。

由于城市水资源重复利用提高率与 ECPI 进步率相关系数过大,而其他三级指标均表现为不显著相关,但在控制城市水资源利用提高率后进行的 ECPI 进步率与其下属三级指标的偏相关分析显示,有多个指标与一级指标 ECPI 进步率的相关性有了较大提高。其中有六个三级指标与 ECPI 进步率达到高度相关,一个三级指标与 ECPI 进步率显著相关,九个三级指标与 ECPI 相关性不显著,三个三级指标由于统计时间问题存在数据缺失。

(1) 六个三级指标与 ECPI 进步率达到高度相关,一个显著相关。

六个高度相关指标按相关度由大到小依次为:优于Ⅲ类水质河长增加率、氨氮排放效应优化、化学需氧量排放效应优化、自然保护区面积增加率、氮氧化物排放效应优化、二氧化硫排放效应优化(表 3-23)。前三个指标均与水体环境有关,足见水体环境对生态文明的重要性。其次生物多样性与生态文明建设也息息相关。再者是大气环境污染物排放减害指标。这些均突出了中国目前生态文明建设的重点是保护生态环境,扩充环境容量,减少污染物排放。

表 3-23　与 ECPI 高度相关的三级指标

相关度排名	三级指标	与 ECPI 进步率 相关系数	所属二级指标
1	优于Ⅲ类水质河长增加率	0.797**	环境改善
2	氨氮排放效应优化	0.634**	排放减害
3	化学需氧量排放效应优化	0.620**	排放减害
4	自然保护区面积增加率	0.570**	生态保护
5	氮氧化物排放效应优化	0.544**	排放减害
6	二氧化硫排放效应优化	0.524**	排放减害

一个显著相关指标为水资源开发强度降低率,也与水有关(表 3-24)。可见,

与水有关的指标几乎均与生态文明有较大的关联,由此可知,水资源的高效利用、合理开发、水环境的保护对中国生态文明当前的建设有重要作用。

表 3-24　与 ECPI 显著相关的三级指标

三级指标	与 ECPI 进步率相关系数	所属二级指标
水资源开发强度降低率	0.377*	资源节约

(2) 九个三级指标与 ECPI 进步率相关性不显著。

与 ECPI 进步率相关性不显著的有如下九个三级指标(表 3-25)。

表 3-25　与 ECPI 不显著相关的三级指标

相关度排名	三级指标	与 ECPI 进步率相关系数	所属二级指标
1	好于二级天气天数比例增长率	0.347	环境改善
2	农药施用合理化	0.334	环境改善
3	化肥施用合理化	0.302	环境改善
4	农村卫生厕所普及提高率	−0.200	环境改善
5	工业固体废物综合利用提高率	−0.149	资源节约
6	烟(粉)尘排放效应优化	0.096	排放减害
7	建成区绿化覆盖增加率	0.072	生态保护
8	城市生活垃圾无害化提高率	0.058	环境改善
9	万元地区生产总值能耗降低率	0.031	资源节约

三、总结与展望

近年来中国生态文明建设发展水平在不断提高,绝大多数指标处于不同程度的提高过程中,生态文明整体发展态势在前两年的减速势头中扭转为加速势头,这是否是今后的一个拐点尚不明确,需在下一步的研究中证实。

在四个二级指标上,主要体现在资源节约和排放减害进程有较大的提速,而生态保护和环境改善有缓行势头,尤以环境改善方面发展速度减缓势头明显。

相关性分析表明资源节约进步率与 ECPI 进步率关系最为密切,提示节约资源、提高资源利用效率以及发展绿色生产、绿色生活的重要性。排放减害与环境改善相关度较高,表明环境问题的解决可以从排放减害方面着手。资源节约的快速发展意味着以环境、资源承载力为基础的发展收到了较好的效果,处在加速进程中。当前中国生态文明建设的重点即为提高效率,用好资源,减少对环境的损害,这也意味着要加快推进经济发展方式与结构的变革,发展循环经济、绿色经济,促进资源节约型、环境友好型社会的建设。

1. 实现资源节约的大发展

要实现资源节约的大发展可从以下方向着手：

① 大幅度提高能源、资源利用效率,推进再生水利用。注重水资源等不可再生资源的节约、集约利用。

② 推行循环型生产方式,大力发展循环经济。加快推进技术创新,促进资源的高效合理利用。

③ 大力推行节能降耗。发展低碳经济、绿色经济。转变能源结构,加快产业结构升级,淘汰落后产能,推行低排放、低污染的经济发展方式。

2. 环境改善从污染物排放减害着手

从污染物排放减害着手,促进环境的改善可从以下几方面展开：

① 以生态环境对污染物排放的承载能力为基础,合理降低污染物排放。

② 污染排放的速度和总量不应超过污染治理的速度和总量。注重污染物防治结合。

③ 加强农业面源污染防治力度,严格控制农药、化肥的使用量,减少土壤污染,提高食品安全。

生态系统为我们提供生产、生活所必需的资源,但所能提供的资源储量是有限的,大量攫取、浪费性地使用,会使生态系统不堪重负,不可再生资源有限的储量也将难以为继。同时资源的过度使用也会对环境造成一定程度的污染和破坏,从而对生态系统产生影响,进而部分影响到我们所能获得的资源储量。中国经济社会发展应摆脱对资源、能源的过度依赖,创新发展科技技术,节约、集约利用资源,推行循环型生产,节能降耗,助推循环型经济的发展。

生态保护虽见效周期慢,但是最根本的因素所在。要避免"治标不治本"的错误,应将生态保护作为根本的出发点和落脚点,制定一系列生态文明建设有关政策。重视山水林田湖的保护与修复工作,保护生态系统的健康,实现提高资源增量,扩充环境容量,为实现可持续发展奠定坚实的基础。

第四章　中国生态文明建设的国际比较

　　工业文明在给世界各国(尤其是发达国家)带来数不清的物质财富的同时,也使人类面临着难以想象的生态环境问题。这种生态环境问题,并非局部区域、单独领域或小范围内的问题,而是覆盖全球的生态危机。为了打赢这场"生态保卫战",为了人类更好地生存和发展,世界各国都将生态文明的建设摆在了越来越重要的位置。在本章中,我们将中国与三十四个 OECD(经济合作与发展组织)国家进行比较,旨在明确中国生态文明建设的国际地位,在发现整体优势和不足的基础上,为生态文明建设的进一步发展提供借鉴和参考。评价发现,与这些国家相比,中国生态文明建设的基础水平相对较低,但发展速度较快,近年来取得了较大进展。在进一步发展中,应在保持并加快环境改善及资源节约发展速度的同时,重视促进生态保护和排放优化发展速度的提高,进而达到突出优势、补齐短板,提升中国生态文明建设整体水平的目的。此外,需借鉴吸收各国成功经验,提高生态文明建设的纵深发展能力,促进中国生态文明建设更好、更快地发展。

一、整体概览:基础水平低、发展速度快

　　为从水平及进展两个角度进行国际比较,在评价中,本章采用了两个指标体系,一个是国际版生态文明水平指数评价指标体系 2016(IECI 2016,International Eco-Civilization Index 2016,下同),另一个是国际版生态文明发展指数评价指标体系 2016(IECPI 2016,International Eco-Civilization Progress Index 2016,下同)。IECI 2016 和 IECPI 2016 是中国生态文明水平指数评价指标体系 2016(ECI 2016)和中国生态文明发展指数评价指标体系 2016(ECPI 2016)的国际版本,因此在设计理念上与后者大致相同,详情可参见第一章。简单来说,日益严重的生态危机集中表现为生态破坏、环境污染和资源匮乏,而污染物排放又是造成环境污染的重要原因。因此,要化解生态危机,建设生态文明,应从这几个方面着手,而对生态文明建设情况的评价也要从这几个方面进行。

　　课题组以联合国、世界银行及 OECD 发布的统计数据为基础,IECI 2016 以各指标可获得的最近一个统计年份数据为依据,考察各国生态文明建设水平的相对排名;IECPI 2016 则在 IECI 2016 的基础上把数据前推一个统计年份,考察相邻

两个年份间的变化情况,以确定各国生态文明建设的发展速度。

本章中,我们把中国与三十四个 OECD 国家的生态文明建设情况进行了比较。① OECD 国家囊括了全球绝大多数发达国家,②这些国家的经济发展水平及生态环境保护大都位居世界前列,将中国与这三十四个国家进行比较,可以更好地明确中国生态文明建设的现状及发展方向。

1. 基础水平欠佳

基于可获得的最新数据,根据 IECI 2016 的评价结果,中国位居三十五个国家的最后一位,整体得分为 35.08,与三十四个 OECD 国家的平均水平(48.86)有超过 10 分的差距,生态文明水平不容乐观。各国水平指数得分及排名情况如表 4-1 所示。

表 4-1　生态文明水平指数国际版(IECI 2016)得分及排名情况

国家	生态保护		环境改善		资源节约		排放优化		IECI		
	得分	排名	得分	排名	得分	排名	得分	排名	得分	排名	等级
瑞典	14.04	13	20.80	3	10.92	9	13.01	3	58.77	1	1
丹麦	13.26	16	19.24	5	15.60	1	9.60	16	57.70	2	1
澳大利亚	15.41	10	23.40	1	8.84	22	9.31	17	56.95	3	1
奥地利	18.33	3	15.08	15	11.44	6	11.21	9	56.06	4	1
卢森堡	18.33	3	13.26	25	14.04	4	10.20	14	55.83	5	1
瑞士	14.04	13	13.78	20	15.60	1	11.20	10	54.62	6	1
斯洛伐克	17.16	6	14.82	16	10.92	9	11.40	8	54.30	7	1
挪威	11.70	24	17.42	8	11.44	6	13.61	2	54.17	8	1
芬兰	15.21	11	19.24	5	6.24	30	12.61	6	53.30	9	2
斯洛文尼亚	21.06	1	12.74	27	7.80	25	11.20	11	52.80	10	2
新西兰	18.33	3	16.90	9	7.80	25	9.10	19	52.13	11	2
捷克	16.77	7	16.38	10	9.88	17	9.01	21	52.04	12	2
爱沙尼亚	16.77	7	16.12	12	6.24	30	12.00	7	51.13	13	2
德国	18.72	2	13.78	20	10.40	13	7.80	29	50.70	14	2
匈牙利	13.26	16	15.34	13	7.80	25	13.01	5	49.41	15	2
加拿大	13.46	15	19.50	4	6.24	30	9.81	15	49.00	16	2

---

① 2016 年 7 月 1 日拉脱维亚正式加入经合组织,使经合组织成员国增加至三十五个。基于所获取数据情况,暂未将拉脱维亚纳入评价样本中。

② 一般认为,联合国开发计划署(UNDP)每年发布的《人类发展报告》(Human Development Report)中,人类发展指数(Human Development Index,HDI)位于"极高"组别的国家为发达国家,不排除一些特殊情况。

（续表）

国家	生态保护		环境改善		资源节约		排放优化		IECI		
	得分	排名	得分	排名	得分	排名	得分	排名	得分	排名	等级
冰岛	7.80	35	21.84	2	3.64	35	14.41	1	47.69	17	3
爱尔兰	8.97	34	11.70	32	15.60	1	10.80	12	47.07	18	3
西班牙	11.70	24	16.38	10	9.36	18	9.01	21	46.45	19	3
英国	11.70	24	12.74	27	14.04	4	7.80	29	46.28	20	3
荷兰	13.26	16	14.30	19	10.40	13	7.80	29	45.76	21	3
法国	13.26	16	13.78	20	10.40	13	8.20	27	45.64	22	3
葡萄牙	11.90	23	15.34	12	9.36	18	8.80	25	45.40	23	3
智利	11.70	24	12.22	30	8.32	24	13.01	3	45.25	24	3
波兰	15.99	9	12.22	30	7.80	25	9.01	21	45.02	25	3
美国	12.87	21	17.68	7	7.80	25	6.20	34	44.55	26	3
日本	13.07	20	13.78	20	10.40	13	7.10	34	44.35	27	3
以色列	9.36	33	14.82	16	11.44	6	8.10	28	43.72	28	3
比利时	14.43	12	12.74	27	8.84	22	7.60	29	43.61	29	3
希腊	10.53	30	14.56	18	9.36	18	9.10	19	43.55	30	3
墨西哥	11.70	24	13.52	24	9.36	18	8.60	26	43.18	31	3
意大利	11.70	24	11.70	32	10.92	9	8.80	24	43.12	32	3
土耳其	10.14	32	11.18	34	10.92	9	10.21	13	42.45	33	4
韩国	12.48	22	13.26	25	6.24	30	7.20	33	39.18	34	4
中国	10.53	30	9.10	35	6.24	30	9.21	18	35.08	35	4

　　中国生态文明整体水平不佳，主要受到环境质量的影响。从横向比较，在四个二级指标中，中国在排放优化领域排名第十八位，得分9.21，与三十四个OECD国家的平均水平（9.88）相差不大；生态保护与资源节约虽均位于第四等级，水平不高，却不至于与OECD国家形成过大差距。但在环境改善方面却仅得分9.1，不仅排名最末，得分也距OECD国家的平均值（15.34）有6分之差。

　　环境质量落后的问题当中，空气污染问题又最为突出。因数据来源受限，环境质量指标只集中考察了空气质量、土壤质量、由城市生活垃圾无害化率和农村改善的卫生设施人口比重所代表的城乡生活环境三个方面。虽然土壤质量和城乡生活环境都表现不佳，但空气质量更为糟糕，以$PM_{2.5}$年均浓度为代表的空气质量指标与OECD国家存在巨大差距。据可获得的最新数据，中国2015年$PM_{2.5}$年均浓度为58.38微克/立方米，不仅远高于OECD国家的平均值（14.9微克/立方米），也与世界卫生组织制定的《空气质量准则》关于$PM_{2.5}$年均浓度阶段性目标最低标准（35微克/立方米）有很大差距。中国生态文明水平指数二级指标得分及排名情况如表 4-2 所示。

表 4-2　中国生态文明水平指数（IECI 2016）二级指标情况汇总

二级指标	得分	排名	等级
生态保护	10.53	30	4
环境改善	9.10	35	4
资源节约	6.24	30	4
排放优化	9.21	18	3

2. 发展速度较快

中国虽然在生态文明基础水平上不及 OECD 国家，但建设发展速度较快，在 IECPI 2016 的评价结果中位居第 7 位，整体得分为 52.89，超过三十五个国家的平均水平（50.54），处于第二等级，整体位于中等偏上位置。表 4-3 为三十五个国家的生态文明发展指数得分及排名情况。

表 4-3　生态文明发展指数国际版（IECPI 2016）得分及排名情况

国家	生态保护		环境改善		资源节约		排放优化		IECPI		
	得分	排名	得分	排名	得分	排名	得分	排名	得分	排名	等级
智利	62.45	2	58.87	2	58.80	7	50.93	14	58.34	1	1
爱尔兰	61.80	3	50.35	19	69.51	1	48.61	18	57.27	2	1
爱沙尼亚	59.39	7	46.51	29	64.91	2	56.76	6	56.10	3	1
冰岛	64.12	1	41.58	33	64.04	3	47.72	21	54.06	4	1
丹麦	49.20	24	56.40	3	51.23	19	59.95	3	53.91	5	2
墨西哥	55.54	10	55.83	6	51.74	18	46.96	23	53.15	6	2
中国	49.64	22	60.97	1	59.49	6	39.07	35	52.89	7	2
新西兰	57.54	8	55.91	5	52.76	13	40.22	33	52.63	8	2
波兰	52.87	14	52.06	13	52.52	14	52.81	8	52.55	9	2
斯洛文尼亚	59.56	6	42.33	32	46.72	24	62.36	2	52.39	10	2
捷克	46.47	25	50.08	20	60.37	5	55.12	7	52.06	11	2
英国	61.01	4	47.78	26	50.08	21	46.93	25	52.04	12	2
荷兰	50.22	18	55.13	7	52.29	15	49.33	17	51.93	13	2
以色列	54.89	11	49.75	21	53.89	10	46.58	26	51.49	14	2
斯洛伐克	49.99	19	50.67	18	55.96	8	49.95	16	51.38	15	2
法国	55.75	9	50.75	17	44.92	27	52.13	12	51.36	16	2
比利时	49.89	20	54.31	9	47.91	23	52.30	10	51.30	17	2
匈牙利	54.83	12	51.25	15	43.59	28	52.70	9	51.08	18	2

（续表）

国家	生态保护		环境改善		资源节约		排放优化		IECPI		
	得分	排名	得分	排名	得分	排名	得分	排名	得分	排名	等级
芬兰	42.51	34	47.17	28	52.14	16	65.48	1	50.43	19	3
加拿大	46.22	26	56.21	4	53.53	11	44.38	30	50.31	20	3
瑞士	52.37	15	48.70	22	51.94	17	47.21	22	50.15	21	3
韩国	51.85	17	46.32	30	52.76	12	48.57	19	49.72	22	3
澳大利亚	60.37	5	52.18	11	36.29	34	42.75	32	49.57	23	3
美国	42.74	33	54.94	8	54.10	9	46.93	24	49.51	24	3
卢森堡	43.44	30	43.47	31	61.22	4	50.29	15	48.37	25	3
西班牙	49.41	23	52.17	12	42.67	30	44.74	29	47.95	26	3
希腊	52.07	16	53.77	10	31.47	35	47.78	20	47.60	27	3
奥地利	43.33	31	51.97	14	42.77	29	52.20	11	47.58	28	3
德国	45.95	27	50.95	16	45.16	26	45.61	27	47.22	29	3
土耳其	49.79	21	48.69	23	48.31	22	39.99	34	47.20	30	3
日本	42.89	32	47.26	27	50.53	20	44.87	28	46.13	31	4
意大利	54.35	13	32.02	35	40.51	31	59.48	4	45.91	32	4
葡萄牙	44.88	28	48.14	25	37.12	33	51.13	13	45.56	33	4
瑞典	41.83	35	38.25	34	46.55	25	57.88	5	44.91	34	4
挪威	44.85	29	48.59	24	40.21	32	43.38	31	44.75	35	4

　　从二级指标看,中国在生态保护上稳步前进,在环境改善和资源节约方面的发展速度最为突出,而排放优化速度却仍然落后。横向比较显示,在三十五个国家中,中国资源节约发展指数排名第六位,属第一等级;环境改善位居第一位,高于所有 OECD 国家。环境和资源方面的改善带动了中国生态文明发展指数的整体进步,但排放优化却严重拖了后腿,得分仅 39.07,位于三十五个国家的最后一位,与三十四个 OECD 国家的平均水平(50.12)有超过 10 分的差距。中国各二级指标发展指数的得分及排名见表 4-4。

表 4-4　中国生态文明发展指数(IECPI 2016)二级指标情况汇总

二级指标	得分	排名	等级
生态保护	49.64	22	3
环境改善	60.97	1	1
资源节约	59.49	6	1
排放优化	39.07	35	4

从生态文明建设发展水平和发展速度两方面结合来看,受污染物排放影响的环境质量改善仍是影响中国生态文明建设工作的重、难点。十九大报告指出中国须着力解决突出环境问题,要加快大气污染及水污染防治,强化土壤污染管控,加强农业污染防治及固体废弃物和垃圾处置,提高污染排放标准,建立健全各项环境保护制度及体系等等。[①] 加大力度解决好环境问题将加速推进中国生态文明建设的发展,提升中国生态文明建设的水平。

二、具体分析:优势欠突出、短板仍明显

根据生态文明进展类型的划分规则(按照"平均值±0.2 个标准差"的方法,具体规则详见第二章),将包括中国在内的三十五个国家按照生态文明的基础水平(IECI 2016)和发展速度(总体进步率,有正负之分)划分为五类(领跑型、追赶型、前滞型、后滞型和中间型)。其中,中国属于中间型国家,其等级分组合为 1-2。从具体情况来看,属于生态文明的基础水平最低,发展速度仍有较大提升空间的情况(三十五个国家原始进步率均值为 1.58,中国为 1.2,略低于均值)。

从表面上看,这与 IECPI 2016 的评价结果(中国生态文明建设发展速度相对较快)存在一定出入。事实上,在 IECPI 2016 评价中,通过统一的 Z 分数(标准分数)处理,对三级指标原始数据进行了无量纲化,从而避免了因数据过度离散可能产生的误差;而在类型分析中,则通过三级指标的原始进步率直接计算得出,充分考虑并体现极端数值可能造成的影响。理想情况下,一个国家在 IECPI 2016 评价项目内的所有指标均表现突出,那么这个国家无论是在 IECPI 2016 总体评价中,还是在类型分析发展速度的等级分评价中都会有良好表现。而实际上,很多情况下这两者并不完全统一。例如,中国所呈现出的结果就表明:从总体上看,中国生态文明建设的发展速度较快,但考虑到具体指标的作用,发展速度则受到了一定影响。这种影响可能来自优势项目的成绩不突出,也可能来自短板项目的劣势较明显,还可能是两者的共同作用,我们将对具体情况进一步分析。各国生态文明建设的基础水平和发展速度得分、等级及类型如表 4-5 所示。

---

① 习近平. 决胜全面建成小康社会　夺取新时代中国特色社会主义伟大胜利——在中国共产党第十九次全国代表大会上的报告[M]. 北京:人民出版社,2017.

表 4-5　各国生态文明建设的基础水平和发展速度得分、等级及类型

国家名称	基础水平	基础水平等级分	发展速度	发展速度等级分	等级分组合	类型
丹麦	57.7	3	7.48	3	3-3	领跑型
新西兰	52.13	3	4.02	3	3-3	领跑型
捷克	52.04	3	4.24	3	3-3	领跑型
爱沙尼亚	51.13	3	3.52	3	3-3	领跑型
爱尔兰	47.07	1	7.61	3	1-3	追赶型
英国	46.28	1	3.58	3	1-3	追赶型
荷兰	45.76	1	2.66	3	1-3	追赶型
智利	45.25	1	7.74	3	1-3	追赶型
以色列	43.72	1	4.38	3	1-3	追赶型
希腊	43.55	1	4.04	3	1-3	追赶型
墨西哥	43.18	1	7.20	3	1-3	追赶型
韩国	39.18	1	5.61	3	1-3	追赶型
瑞典	58.77	3	−1.92	1	3-1	前滞型
澳大利亚	56.95	3	−2.30	1	3-1	前滞型
奥地利	56.06	3	0.11	1	3-1	前滞型
卢森堡	55.83	3	−4.95	1	3-1	前滞型
挪威	54.17	3	−1.61	1	3-1	前滞型
德国	50.7	3	−0.23	1	3-1	前滞型
法国	45.64	1	0.61	1	1-1	后滞型
葡萄牙	45.4	1	−2.80	1	1-1	后滞型
美国	44.55	1	0.28	1	1-1	后滞型
日本	44.35	1	0.61	1	1-1	后滞型
意大利	43.12	1	−2.66	1	1-1	后滞型
土耳其	42.45	1	0.68	1	1-1	后滞型
瑞士	54.62	3	1.74	2	3-2	中间型
斯洛伐克	54.3	3	1.60	2	3-2	中间型
芬兰	53.3	3	1.33	2	3-2	中间型
斯洛文尼亚	52.8	3	1.37	2	3-2	中间型
匈牙利	49.41	2	1.60	2	2-2	中间型
加拿大	49	2	2.09	2	2-2	中间型
冰岛	47.69	2	−8.67	1	2-1	中间型
西班牙	46.45	1	1.70	2	1-2	中间型
波兰	45.02	1	1.23	2	1-2	中间型
比利时	43.61	1	2.07	2	1-2	中间型
中国	35.08	1	1.20	2	1-2	中间型

　　从二级指标来看,中国在生态保护上是平稳发展,具体表现为基础水平低于平均水平(13.68),同时以略低于平均进步率(4.08)的速度发展的中间型;在环境改善上是发展较快,具体表现为基础水平与平均水平(15.16)具有较大差距,但以优于平均进步率(－4.22)的速度发展的追赶型;在资源节约上同样是进步较大,具体表现为基础水平与平均水平(9.76)具有一定差距,却以远高于平均进步率(3.39)的速度发展的追赶型;但在排放优化方面却是发展缓慢,具体表现为基础水平与平均水平(9.86)略有差距,发展速度远低于平均进步率(4.7)的后滞型。中国生态文明建设各二级指标的基础水平和发展速度得分、等级及类型如表 4-6 所示。

表 4-6　中国生态文明建设各二级指标的基础水平和发展速度得分、等级及类型

二级指标	基础水平	基础水平等级分	发展速度	发展速度等级分	等级分组合	类型
生态保护	10.53	1	3.03	2	1-2	中间型
环境改善	9.10	1	－0.34	3	1-3	追赶型
资源节约	6.24	1	8.12	3	1-3	追赶型
排放优化	9.21	1	－6.16	1	1-1	后滞型

　　从表 4-6 可以看出,中国在环境改善和资源节约方面发展速度较快,表现为优势项目。但从具体三级指标来看,在优势项目中,也存在一定问题。例如,受限于数据可得性,在以空气质量、土壤质量和城乡生活环境为考察对象的环境改善二级指标中,空气质量及土壤质量都存在不同程度的下降,致使最终中和了在城乡生活环境改善方面的巨大进步,使发展速度的原始进步率值为负,降低了中国在环境改善方面的优势。同时,排放优化作为短板项目,问题依然突出。从可获得的数据来看,硫氧化物、氮氧化物的排放已迎来拐点,呈现逐年减少的趋势,但温室气体和烟(粉)尘排放量仍在继续增长。在统计数据考察的 2013 到 2014 年间,烟(粉)尘排放优化效应的较大退步率部分导致了中国在排放优化方面整体劣势的凸显。

　　此外,类型分析也显示出中国在生态保护方面存在的问题。近年来,排放优化作为中国生态文明建设的短板,一直是生态文明发展的中心问题。经济发展与污染物排放间存在着倒 U 形曲线关系,伴随着经济增长,污染物排放量会逐渐增加,但越过某个发展阶段后,经济继续增长,污染物排放量会逐渐下降。可以说,中国在减排方面所做出的努力正日益促进着这个拐点的早日到来。中国的排放优化已整体向好,但同样作为四个二级指标中发展较慢的生态保护却并没有得到同等重视。中国在生态保护方面的基础水平及发展速度均低于平均水平,而基于

人与自然之间的"一体两用"关系,在加大力度做好"善用"的同时,也必须做到"强体",做好生态保护工作。应当落实十九大要求,"加大生态系统保护力度""建立市场化、多元化生态补偿机制",并"坚决制止和惩处破坏生态环境行为。"①

总的来说,类型分析表明,在看到中国整体生态文明建设发展可喜速度的同时,也应注意到在具体项目上存在的问题。这并不是说要对此持一种悲观态度,而是要求在进一步发展中,在保持并加快环境改善及资源节约发展速度的同时,重视促进生态保护和排放优化发展速度的提高,进而达到突出优势、补齐短板,促进中国生态文明建设整体水平提升的目的。

三、进一步建设:纵深发展

近年来,中国大力强调生态文明建设,取得了较大进展。党的十九大报告中指出:"生态文明建设成效显著""成为全球生态文明建设的重要参与者、贡献者、引领者。"②从某种程度来讲,中国已经以优异的成绩从生态文明建设的"初级班""毕业",并实际进入了"高级班课程"。这是生态文明建设的"大师课"。在这其中,更早参与"课程"的 OECD 国家带来了许多其自身生态文明建设中的宝贵经验和教训,与这些国家切磋交流或许能够帮助中国得到超越"课程"本身的知识和技能,更好地实现自身的生态文明建设及发展。因此,在这一部分,我们也有必要暂时脱离指标体系,看看指标之外的发展与建设情况,谈一谈生态文明建设的纵深发展问题。

在真正谈论指标体系之外的建设情况之前,我们首先有必要从指标内部谈起。根据 IECPI 2016 的评价结果,中国在环境改善二级指标中得分 60.97,位居第一位,超过所有 OECD 国家。这主要得益于中国在由城市生活垃圾无害化率和农村改善的卫生设施人口比重所代表的城乡生活环境改善方面进步迅速。而仔细观察原始数据发现,中国在城乡生活环境改善方面的快速发展,一方面当然离不开中国自身的进步,而另一方面也部分源于大部分 OECD 国家由于城乡建设起步早,发展已达到一定水平,所选取的两个可得指标已达到了 100%,进而进步率为 0 的情况。

随着城乡建设的进一步推进,中国也将面临这一问题。因此对城乡生活环境改善情况的考察评价应当考虑到指标之外的其他问题,换句话说,应当考虑一国在完成或基本完成城乡生活环境改善的初步目标后,是否明确进一步发展的方向

---

① 习近平.决胜全面建成小康社会　夺取新时代中国特色社会主义伟大胜利——在中国共产党第十九次全国代表大会上的报告[M].北京:人民出版社,2017.

② 同上。

以及是否具备进一步纵深发展的能力。而就目前情况而言,中国在此方面的纵深发展能力仍显不足。

例如,中国应当重视城市生活垃圾的循环利用,努力提升城乡生活改善乃至环境改善的纵深发展能力。据 OECD 数据库数据,在最近可得年份,三十五个国家中的三十三个可得结果显示,城市生活垃圾无害化率均值为 98.3%,其中二十一个国家达到 100%,中国为 94.1%,稍低于平均水平。而同年根据三十五个国家中的三十二个可得结果显示,城市生活垃圾循环利用率均值为 61.39%,其中仅瑞士达到 100%;瑞典、丹麦、荷兰、奥地利和挪威表现突出,均大于 95%;而表现最差的三个国家,墨西哥、中国及土耳其,城市生活垃圾循环利用率还不足 5%。据可获得的最新数据,中国的城市生活垃圾无害化提高率为 2.51%,远超 0.0155% 的均值;而城市生活垃圾循环利用提高率却显示为 -7.8%,与 3.642% 的均值相去甚远。[1]

此外,中国生态文明建设的进一步发展中,除环境改善,生态保护、资源节约及排放优化方面也应努力提高纵深发展能力,从而使得整体生态文明建设能够迈上一个新的台阶。例如,在生态保护上,本指标体系使用单位面积森林蓄积量来衡量森林的质量,而森林蓄积量指的是一定森林面积上存在着的林木树干部分的总材积。从一定程度上来讲,它是反映一个国家或地区森林资源总规模和水平的基本指标,也是反映森林资源的丰富程度、衡量森林生态环境优劣的重要依据。然而,森林蓄积量指标并不能完全反映一个国家或地区的森林质量,指标本身并不能充分显示森林的种类。事实上,正如防护林、用材林、经济林、薪炭林及特种用途林的用途不同一样,不同种类的森林很可能具有不同的质量及价值。重视培育和发展真正高质量的林木,应当能够帮助中国提升在生态保护方面的纵深发展能力。此外,草原、湿地、荒漠等生态系统保护的积极推进,防沙治沙、石漠化治理、野生动物保护等生态建设任务的稳步实施,也是中国生态活力建设向纵深发展的关键。

同理,在资源节约方面,受限于数据的可获得性,本指标体系并未能考察可再生能源的利用情况、水资源循环利用的水平等的国际现状。这些相关方面都是推进资源节约纵深发展的必要途径;而清洁能源的使用及资源、能源循环利用水平的提高又将贡献于减排工作,促进在排放优化方面的纵深发展。中国在水电、太阳能、风能的利用总量上走在世界前列,但如何促进相关可再生能源的均衡、高效利用,使之满足人民群众美好生活的需求,是资源利用效能提升需

---

① 受限于数据可得性,中国的城市生活垃圾循环利用情况统计数据年份为 2009—2010 年,与多数国家(2014—2015 年)存在一定差距。但同样也显示了中国在城市生活垃圾循环利用方面的表现差距。

要解决的问题。

应当说明的是,由于绝大多数 OECD 国家工业化发展进程较早,发展水平较为成熟,因此相伴而生的生态环境问题凸现时间较早,对生态问题的关注也较早,生态文明建设的基础较为良好,纵深发展水平较高。而与其相比,中国仍处于现代化进程之中,发展经济、提高人民群众的物质生活水平仍是我们需要完成的工作。但是,这并不代表中国要走一条 OECD 国家的发展老路,也不代表中国的生态文明建设要一直落后于这些国家。必须指出的是,现代化进程与"后现代化的"发展思维并不矛盾。正如十九大报告中所说:"我们要建设的现代化是人与自然和谐共生的现代化,既要创造更多物质财富和精神财富以满足人民日益增长的美好生活需要,也要提供更多优质生态产品以满足人民日益增长的优美生态环境需要""我们要牢固树立社会主义生态文明观,推动形成人与自然和谐发展现代化建设新格局"。[①] 而在这一过程中,OECD 国家生态文明建设的经验和教训对中国具有一定的参考和借鉴意义。在进一步发展中,借鉴吸收各国的成功经验,努力提高生态文明建设的纵深发展能力,将促进中国生态文明建设更好更快发展。

四、指标体系说明

IECPI 2016 是在 IECPI 2015 的基础上进一步发展完善而来。根据可获取的最新统计数据,部分二级指标进行了调整,二级指标领域和整体框架不变。

1. 指标调整说明

IECPI 2016 对 IECPI 2015 做出了如下调整:① 将原三级指标"自然保护区面积占国土面积比重增加率"调整为"年均自然保护区面积占国土面积比重增加率";② 调整原三级指标"空气质量提升率"的计算方式,以"$PM_{2.5}$ 年均浓度"指代"空气质量";③ 将原三级指标"温室气体排放效应优化率"更改为"温室气体排放总量降低率";④ 修改"二氧化硫、氮氧化物和烟(粉)尘排放效应优化"三级指标的名称和部分计算公式,使之与 ECI 2016 及 ECPI 2016 保持一致。具体指标框架如表 4-7 所示。

---

① 习近平.决胜全面建成小康社会 夺取新时代中国特色社会主义伟大胜利——在中国共产党第十九次全国代表大会上的报告[M].北京:人民出版社,2017.

表 4-7　生态文明发展指数国际版 2016(IECPI 2016)

一级指标	二级指标	权重/(%)	三级指标	权重分	权重/(%)	指标计算公式	指标性质
生态文明发展指数国际版(IECPI 2016)	生态保护	30	森林覆盖率增加率	3	9	(本年森林覆盖率/上年森林覆盖率-1)×100%	正指标
			单位面积森林蓄积量增长率	3	9	(本年单位面积森林蓄积量/上年单位面积森林蓄积量-1)×100%	正指标
			年均自然保护区面积占国土面积比重增加率	4	12	[(本年自然保护区面积占国土面积比重/前 n 年自然保护区面积占国土面积比重)$^{\frac{1}{n-1}}$-1]×100%	正指标
	环境改善	30	空气质量提升率	6	12	(1-本年空气质量/上年空气质量)×100%	正指标
			土壤污染改善率	5	10	(1-本年土壤质量/上年土壤质量)×100%	正指标
			城市生活垃圾无害化提高率	2	4	(本年城市生活垃圾无害化率/上年生活垃圾无害化率-1)×100%	正指标
			农村改善的卫生设施人口比重增加率	2	4	(本年农村改善的卫生设施人口比重/上年农村改善的卫生设施人口比重-1)×100%	正指标
	资源节约	20	单位生产总值能耗降低率	6	12	(1-本年单位生产总值能耗/上年单位生产总值能耗)×100%	正指标
			水的生产率提高率	4	8	(本年水的生产率/上年水的生产率-1)×100%	正指标

（续表）

一级指标	二级指标	权重/(%)	三级指标	权重分	权重/(%)	指标计算公式	指标性质
生态文明发展指数国际版（IECPI 2016)	排放优化	20	温室气体排放总量降低率	5	7.69	（1－本年主要温室气体排放量/上年主要温室气体排放量）×100%	正指标
			二氧化硫排放效应优化	2	3.08	{1－[本年二氧化硫排放量/(国土面积×本年空气质量)]/[上年二氧化硫排放量/(国土面积×上年空气质量)]}×100%	正指标
			氮氧化物排放效应优化	3	4.62	{1－[本年氮氧化物排放量/(国土面积×本年空气质量)]/[上年氮氧化物排放量/(国土面积×上年空气质量)]}×100%	正指标
			烟（粉）尘排放效应优化	3	4.62	{1－[本年烟粉尘排放量/(国土面积×本年空气质量)]/[上年烟粉尘排放量/(国土面积×上年空气质量)]}×100%	正指标

（1）年均自然保护区面积占国土面积比重增加率指标。

自然保护区设置的一个重要目的在于保存生物多样性，而生物多样性是体现生态质量的一个重要指标。因此在无法直接考查生物多样性的情况下，此处用自然保护区面积占国土面积的比重来指代生物多样性情况，进而部分说明此方面的生态保护效果。因数据来源问题，相邻统计年份跨度过大，故本指标计算的是年均自然保护区面积占国土面积比重增加率。

（2）空气质量提升率指标。

一般情况下，依据二氧化硫、二氧化氮、PM_{10}、$PM_{2.5}$、臭氧、一氧化碳等污染物的年均浓度来评价一国的空气质量优劣，但此处只能获得统一的 $PM_{2.5}$ 年均浓度数据（PM_{10} 的数据已经相对陈旧）。因此，本指标空气质量由 $PM_{2.5}$ 年均浓度数据替代。

（3）温室气体排放总量降低率指标。

温室气体的主要成分是二氧化碳、一氧化氮、甲烷，它们是导致气候变暖的重要因素。本指标中温室气体排放总量由二氧化碳、一氧化氮、甲烷的排放量计算得出。计算公式如下：

主要温室气体排放量＝二氧化碳排放量＋一氧化氮排放量＋甲烷排放量

（4）二氧化硫、氮氧化物和烟（粉）尘排放效应优化指标。

理论上，污染物排放效应，除受到排放量影响，还与环境容量有关，应综合考虑各国不同的自然条件及经济发展阶段。排放虽少，但环境容量也小的国家，污染物排放对自然环境的影响就大，继续排放的空间则十分有限；反之亦然。因数据有限，本指标体系主要以空气质量和国土面积的乘积标示对二氧化硫、氮氧化物、烟粉尘排放的容纳程度。

除上述三级指标外，其他指标均与 IECPI 2015 相同，此处不再做重复说明，具体请参见《中国生态文明建设发展报告 2015》。[①]

2. 数据质量及体系说明

由上可以看出，因数据来源问题，本指标体系虽已尽可能努力完善，但与理想的指标体系仍存在一定差距。IECI 2016 和 IECPI 2016 评价中所采用数据主要由世界银行、OECD、联合国粮食及农业组织（FAO）等机构公开发布，这些数据在很大程度上又依赖于各国的统计，因此在统计时间、统计项目及统计口径上均存在较大差异，这就造成了可选指标较少且存在一定滞后性的问题。例如，由于无法得到连续年份的单位面积森林蓄积量统计数据，继而无法考量森林数量与森林质量对温室气体的吸收能力，因此在评价中不得以放弃了对温室气体排放优化效应的考察，仅统计温室气体排放总量的降低率；由于无法直接获得各国农作物总播种面积的数据，因此在考察土壤质量时，用耕地面积统计数据进行了替代；由于一氧化碳、甲烷排放量最近统一数据统计年份为 2011—2012 年，因此仅能计算该时段的温室气体排放总量降低率等。

应当说明的是，本指标体系中使用的多数数据统计年份为 2014—2015 年（土壤质量及二氧化硫、氮氧化物和烟粉尘排放量数据统计年份为 2013—2014 年，温室气体排放量数据统计年份为 2011—2012 年）。由于部分数据缺乏连续性，在统计中使用了最近年份数据及最近上一年份数据（单位面积森林蓄积量数据统计年份为 2010 年和 2015 年，自然保护区面积占国土面积比重数据统计年份为 2000 年和 2014 年，水的生产率数据统计年份为 2012 年和 2014 年）。在具体指标中，缺失当年统计数据的国家前推了最近统计年份，与其他国家数据统计年份相差过大的作缺失值处理。此外，为保证统计数据的可靠性，针对单一指标尽可能选取了统一来源的数据（来源于 OECD 数据库的农药施用量，城市垃圾生活无害化率，二氧化硫、氮氧化物及烟粉尘排放量数据缺乏中国的相关数据，以环境统计年鉴中的相应年份数据替代）。本章的分析建立在评价基础之上，但并不局限于评价结果，

① 严耕，等. 中国生态文明建设发展报告 2015[M]. 北京：北京大学出版社. 2016.

因此虽然数据上存在一定局限性,但得出的结论仍有助于理解中国近年生态文明建设的国际地位。

此外,在本研究中心出版的另一本书《中国省域生态文明建设评价报告(ECI 2016)》[①]中,第二章对包括中国在内的金砖五国及三十四个 OECD 国家的生态文明建设水平进行了比较,而本书并未考察其他金砖国家的情况。一方面源于 OECD 国家生态文明建设水平更高,对中国具有更好的参考和借鉴意义;另一方面则考虑到此处重点考察各国的生态文明建设发展情况,故并未将缺少连续数据的其他金砖国家列入评价之中。

算法上,因为是 ECI 2016 和 ECPI 2016 的国际版本,故 IECI 2016 和 IECPI 2016 与前二者保持一致,详情请参见第一章。两套指标体系的算法区别主要在于,IECI 2016 与 ECI 2016 一致,对三级指标进行了赋分(1～6 分)处理;IECPI 2016 则与 ECPI 2016 一致,采用统一的 Z 分数处理方式,具体情况在此处不再做特别说明。

① 严耕.中国省域生态文明建设评价报告(ECI 2016)[M].北京:社会科学文献出版社,2017.

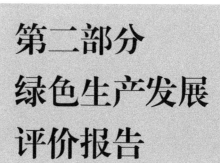

第二部分
绿色生产发展
评价报告

第五章　绿色生产发展年度评价报告

经济新常态背景下,中国经济发展正处于增长速度换挡期、结构调整阵痛期和前期刺激政策消化期"三期叠加"阶段,肩负着去产能、去库存、去杠杆、降成本、补短板"三去一降一补"重任。绿色和创新的发展理念与方式成为新时代解决转型期发展短板的新动力。绿色发展包含绿色生产与绿色生活两部分。绿色生产,强调以节能、降耗、减污为目标,综合运用管理、科技等手段,在生产全过程实现污染控制,尽量降低污染物排放,既满足绿色生活对于绿色产品的需求,又充分考量污染物排放与生态承载力之间的平衡关系,是实现绿色发展的关键。

在全国大力提倡经济转型和产业升级的背景下,节能环保产业、清洁生产产业、清洁能源产业的经济模式和高新技术创新体系的发展,有力推进了能源消费和绿色生产的革命。课题组坚持科学、客观、中立的评价准则,深入分析绿色生产建设与发展的三个核心指标,即产业升级、资源增效和排放优化的发展速度,描述和分析 2015—2016 年间全国绿色生产建设的发展状况。同时,对"十二五"期间全国绿色生产发展的情况进行了阶段性总结,进一步探讨加速中国绿色生产发展的驱动所在。

一、绿色生产发展评价结果

(一)全国绿色生产发展提速显著,排放优化增速领先

2016 年,全国绿色生产发展呈现进步态势,绿色生产发展速度为 6.09%。从三个二级指标的发展速度来看,排放优化的发展速度为 10.68%,是绿色生产发展提速的最大驱动力;产业升级的发展速度为 3.86%,与 GPPI 2015 相比有小幅提升;而资源增效的发展速度为 2.21%,呈现降速增长的态势(表 5-1)。

表 5-1　2016 年全国绿色生产发展速度

	产业升级	资源增效	排放优化	绿色生产
发展速度/(%)	3.86	2.21	10.68	6.09

"十二五"期间,中国的绿色生产发展整体向好。其中,绿色生产的发展速度达到 22.32%,产业升级发展速度为 14.28%,资源增效发展速度为 18.71%,排放

MOE Serial Reports on Developments in Humanities and Social Sciences

优化效果最佳,其发展速度为 31.06%(图 5-1)。绿色生产的二级指标发展速度快慢不一,反映出各指标背后所代表领域优化发展的难易程度不同。

"十二五"规划主要指标中,与绿色生产相关的指标几乎实现预期标准。[①] 服务业增加值比重、单位工业增加值用水量降低速度、单位 GDP 能源消耗降低速度、主要污染物(如化学需氧量、二氧化硫、氨氮化物、氨氧化物)排放总量的减少速度均超过"十二五"规划的预期,只有 R&D 经费支出占 GDP 比重为 2.1%,低于预期的 2.2%。资源增效与排放优化发展成效显著,产业升级压力凸显,仍需刺激科技创新与战略性新兴产业的发展。

"十二五"期间,在全国大力治理环境污染的大背景下,排放优化成效显著。《水污染防治行动计划》和《大气污染防治行动计划》等新排放标准相继出台,有效促进了水污染与空气污染的改善。然而,资源增效和产业升级的发展阻力远大于排放优化这一指标,排放优化领域主要由政策和法规来引导企业生产发展,而产业升级和资源增效的发展主要依靠高新技术产业的驱动。在此期间,全国资源增效的年均发展速度为 4.68%,虽然新能源、可再生能源的消费比重涨幅大,但面对全国高碳型能源结构的现实,仍存在能源结构优化与资源利用增效的压力。

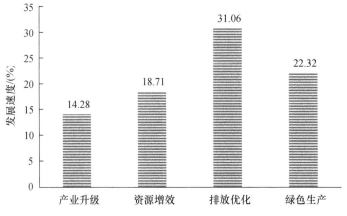

图 5-1 "十二五"期间绿色生产发展速度

1. 产业升级保持增速,科技创新发展态势稳步向前

2016 年,产业结构优化升级有所进步。从产业结构的各三级指标发展速度来看,第三产业与科技创新发展良好,第三产业产值占地区生产总值比重增长率和高技术产值占地区生产总值比重增长率实现双翻番(表 5-2)。与 GPPI 2015 相

① 新华社.中华人民共和国国民经济和社会发展第十三个五年规划纲要[A/OL].(2016-03-17)[2018-10-23]. http://news.xinhuanet.com/politics/2016lh/2016-03/17/c_1118366322.htm.

比,第三产业产值占地区生产总值比重增长率上升,而第三产业就业人数占地区就业总人数比重增长率呈现小幅回落(图 5-2)。第三产业就业人数增速放缓而第三产业产值增速加快,体现出中国的第三产业开始注重数量与质量的同步发展,中国在服务业领域新业态、新模式、新产业的创新与培育已初见成效。[①]

表 5-2   2016 年全国产业升级发展速度

二级指标	三级指标	发展速度/(%)
产业升级	第三产业产值占地区生产总值比重增长率	4.92
	第三产业就业人数占地区就业总人数比重增长率	4.43
	R&D 投入强度增长率	2.48
	高技术产值占地区生产总值比重增长率	3.24

当前,中国的经济转型正处在重要的历史关节点。一方面,经济转型为产业升级提供了新机遇;另一方面,产业升级为经济转型提供了新动能。"十二五"期间,第三产业产值占地区生产总值比重的发展速度达 13.65%(图 5-2)。2015 年作为"十二五"规划的收官之年,产业结构调整取得重大进展,第三产业产值首次超过国内生产总值的半壁江山,达到 50.2%。产业结构正由工业主导向服务业主导转型,这标志着中国转向后工业化时期的开始。[②] 在以第二产业为主导的经济增长模式中,保持中高速增长是能够实现的;但是到了第三产业占优势的时代,当经济增长历经结构调整之后,中国面临着经济数量与质量双重发展的增长压力。在中国尚未完全实现工业化的情况下,第二产业仍需加快步伐,尤其是提高高端制造业的发展水平,因此,第三产业的发展仍需要与推进工业化进程并重。

科技创新方面,全国 R&D 投入强度增长率与高技术产值占地区生产总值比重增长率呈现小幅回升。经过"十二五"规划的五年发展,R&D 投入强度增长率与高技术产值占地区生产总值比重增长率均超过了 10%(图 5-3,5-4)。2015 年,中国 R&D 经费投入已达 14 169.9 亿元。尽管科技创新方面的发展速度表现一般,但是一批重大科技成果已达到世界先进水平。新常态下,中国产业结构的优化与转型仍需发展高新技术产业与战略性新兴产业来保持后劲。

---

① 黄鑫,董碧娟,等. 服务业:新业态迸发新动力[N/OL]. (2015-05-29)[2018-10-23]. http://politics.people.com.cn/n/2015/0529/c70731-27073356.html.

② 迟福林."十三五":以经济转型为主线的结构性改革[J]. 上海大学学报(社会科学版),2016,33(02):1—13.

图 5-2 "十二五"期间全国第三产业产值占 GDP 比重发展速度

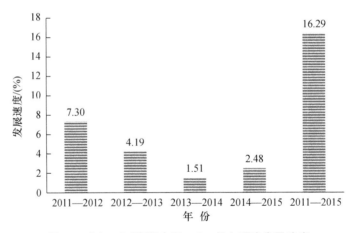

图 5-3 "十二五"期间全国 R&D 投入强度发展速度

2. 资源增效发展放缓,传统能源与新能源消费交叉互补

资源增效发展速度整体放缓,各三级指标较 GPPI 2015 均有所退步(表 5-3)。其中,新能源、可再生能源消费比重增长率为 6.19%,发展较好;而单位工业产值水耗下降率为 2.13%,较去年下降了 6 个百分点。此外,单位工业产值能耗下降率和工业固体废物综合利用提高率是 GPPI 2016 所有三级指标中发展速度最慢的两项指标,牵制了资源增效的发展速度。单位工业产值能耗下降率只有 1.69%,而工业固体废物综合利用提高率继续呈现负增长的态势,2011—2015 年的提高率仅为 0.5%。

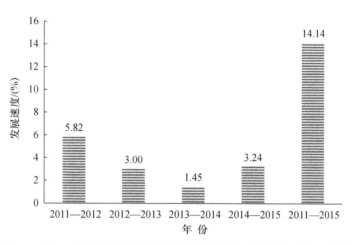

图 5-4　"十二五"期间全国高技术产值占地区生产总值比重发展速度

表 5-3　2016 年全国资源增效发展速度

二级指标	三级指标	发展速度/（%）
资源增效	单位工业产值能耗下降率	1.69
	新能源、可再生能源消费比重增长率	6.19
	单位工业产值水耗下降率	2.13
	单位农业产值水耗下降率	5.40
	工业固体废物综合利用提高率	−3.14

　　2015 年中国仍然是世界上最大的能源消费国，占据全球能源消费量的 23%。在可再生能源方面，实现全年增长超过 20%，同时，中国已超过了德国和美国，成为世界上最大的太阳能发电国。① 尽管煤炭仍是中国能源消费的主导燃料，占比为 64%（图 5-5），较 2014 年仅仅降低了 1.6%，但已是历史最低值，中国的能源结构仍在持续改进的进程中。

　　然而，全国工业生产能源消耗高度依赖煤炭资源的局面，是能源结构相对固化的历史难题。在"十二五"期间，虽然全国能源消费结构有了进一步的优化，但是五年内单位工业产值能耗下降率以 5.66% 的速度发展（图 5-6），面对煤炭消耗的巨大体量，依然无法改变中国能源消费处于煤炭时代的现实。中国正处在以传统能源为主，与新能源交叉互补的能源消费格局。中国在大力发展新能源技术与

---

　　①　数据来源：英国石油公司. BP 世界能源统计年鉴 2016［EB/OL］.（2017-11-01）［2018-10-23］. https://www.bp.com/zh_cn/china/reports-and-publications/bp_2016.html.

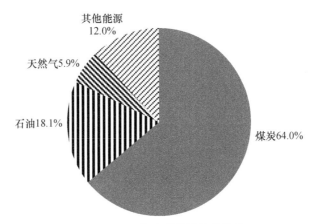

图 5-5　2015 年中国能源消费结构

经济同时,正不断推动传统能源转型与清洁化,实现能源领域的多元互补。

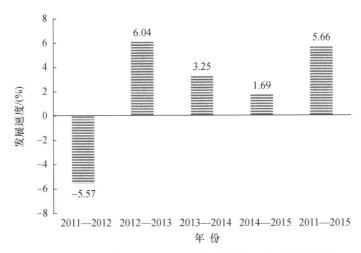

图 5-6　"十二五"期间全国单位工业产值能耗下降率发展速度

　　"十二五"期间,中国在单位工业产值水耗、单位农业产值水耗和新能源、可再生能源消费方面的发展取得了显著的成效。2011—2015 年的单位工业产值水耗下降率的发展速度达 24.23％,单位农业产值水耗下降率的发展速度达 25.05％,新能源、可再生能源消费比重增长率的发展速度更是达到了 42.86％(图 5-7)。资源和能源的开发与利用是人类生产消费的"输入环节",污染物排放是生产消费的

"输出环节",两者是上下游的关系。[①] 在相关性分析中,资源增效与排放优化的相关性为 0.389,呈现正向显著相关,表明资源增效的发展速度越明显,排放优化的发展情况将得到正向刺激。

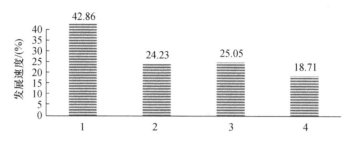

图 5-7 "十二五"期间全国资源增效相关指标发展速度

1. 新能源、可再生能源消费比重增长率;2. 单位工业产值水耗下降率;3. 单位农业产值水耗下降率;4. 资源增效发展速度

3. 排放优化加速发展,工业烟(粉)尘排放控制成效显著

在绿色生产发展中,排放优化的发展速度最快,且各指标的发展速度相对领先。2013 年出台《大气污染防治行动计划》和 2015 年年初出台的《水污染防治行动计划》,有效助力了排放优化方面的稳步推进。其中,与水污染治理相关的两个三级指标均出现小幅降速,工业化学需氧量排放强度下降率为 6.28%,工业氨氮排放强度下降率为 6.65%。而与大气污染治理相关的三个指标均提速发展,工业二氧化硫排放强度下降率、工业氮氧化物排放强度下降率、工业烟(粉)尘排放强度下降率均超过了 10%(表 5-4)。值得一提的是,工业烟(粉)尘排放强度下降率出现正值,较之 GPPI 2015,工业烟(粉)尘排放效应优化的发展速度提升了 42.30%。

表 5-4 2016 年全国排放优化发展速度

二级指标	三级指标	发展速度/(%)
排放优化	工业化学需氧量排放强度下降率	6.28
	工业氨氮排放强度下降率	6.65
	工业二氧化硫排放强度下降率	11.06
	工业氮氧化物排放强度下降率	16.41
	工业烟(粉)尘排放强度下降率	15.83

在大气污染治理方面,2015 年全国城市空气质量总体趋好,首批实施新环境

---

① 李志青. 有关设立"国自委"的几点思考[R/OL]. [2017-11-02]. http://lizhiqingsh.blog.sohu.com/325209574.html.

空气质量标准的七十四个城市细颗粒物（$PM_{2.5}$）平均浓度比 2014 年下降 14.1％。国家对大气污染治理提供了政策和经费上的双重支持,2015 年,中央财政安排大气污染防治专项资金 106 亿元,支持京津冀及周边地区、长三角、珠三角等重点区域开展大气污染治理,取得了显著成效。①

"十二五"期间,排放优化为绿色生产交出了一份优异的成绩单。城镇污水日处理能力由 2010 年的 1.25 亿吨增加到 1.82 亿吨。全国煤电机组脱硫设施的安装率由 83％增加到 99％以上;脱硝设施的安装率由 12％增加到 92％。全国化学需氧量、二氧化硫、氨氮和氮氧化物排放总量分别比 2010 年下降 12.9％、18.0％、13.0％和 18.6％。②

"十二五"期间,排放优化的发展速度为 31.06％,工业化学需氧量排放强度下降率、工业氨氮排放强度下降率、工业二氧化硫排放强度下降率、工业氮氧化物排放强度下降率的发展速度均超过了 30％(图 5-8)。"十二五"期间,绿色生产所有三级指标中,只有单位工业产值能耗下降率、工业固体废物综合利用提高率和工业烟(粉)尘排放强度下降率三个指标发展速度低于 10％。工业烟(粉)尘排放强度下降率的发展速度为 7.10％(图 5-9),并且发展速度的波动性大。究其原因,一方面工业烟(粉)尘排放量纳入国家约束性指标的时间晚;另一方面,在经济转型与产业升级的发展进程中,唯 GDP 至上的发展观仍然优先于环境治理,导致结构减排的发展迟缓。

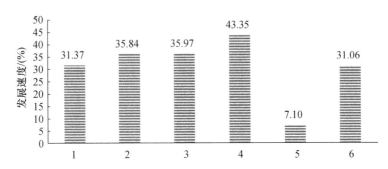

图 5-8　"十二五"期间全国排放优化相关指标发展速度

1. 工业化学需氧量排放强度下降率;2. 工业氨氮排放强度下降率;3. 工业二氧化硫排放强度下降率;4. 工业氮氧化物排放强度下降率;5. 工业烟(粉)尘排放强度下降率;6. 排放优化发展速度

---

① 数据来源:中华人民共和国环境保护部. 2015 中国环境状况公报[R/OL]. (2016-05-20)[2018-10-23]. http://www.mee.gov.cn/gkml/sthjbgw/qt/201606/t20160602_353138.htm.
② 同上。

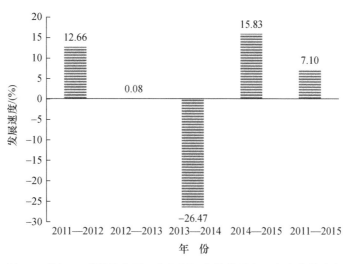

图 5-9 "十二五"期间全国工业烟(粉)尘排放强度下降率发展速度

(二)各省份绿色生产发展评价结果

1. 各省份绿色生产发展指数(GPPI 2016)

在修改与完善绿色生产发展指数(GPPI 2015)、绿色生产指数(GPI 2015)的算法基础上,课题组根据国内最新权威数据,计算各省份绿色生产发展指数(GPPI 2016)与绿色生产指数(GPI 2016)。根据计算结果,从绿色生产发展速度、绿色生产建设水平两个维度,客观评价各省份绿色生产建设与发展的进展,①如表 5-5,表5-6,图 5-10 所示。

表 5-5 2016 年度各省份绿色生产发展指数(GPPI 2016)   单位:分

排名	地区	GPPI 2016	产业升级	资源增效	排放优化	指数等级
1	北京	57.34	41.56	59.11	67.86	1
2	河北	57.10	54.29	59.06	57.73	1
3	贵州	56.75	48.13	60.73	60.22	1
4	重庆	54.25	48.97	54.26	58.20	2
5	广西	54.05	49.53	55.54	56.33	2
6	河南	53.21	56.78	50.64	52.46	2

① GPPI 2016 等级划分方法与 ECPI 保持一致,综合运用平均值与标准差,将三十一个省份划分为四个等级,即发展指数高于均值 1 倍标准差以上的省份为第一等级;发展指数高于均值,但不足 1 倍标准差的省份为第二等级;低于均值,但不足 1 倍标准差的省份为第三等级;低于均值 1 倍标准差以上的省份为第四等级。

(续表)

排名	地区	GPPI 2016	产业升级	资源增效	排放优化	指数等级
7	宁夏	52.78	55.42	44.86	56.75	2
8	海南	52.57	46.27	56.55	54.30	2
9	广东	52.53	46.28	55.27	55.16	2
10	云南	52.47	51.44	53.11	52.77	2
11	天津	52.27	49.59	49.42	56.43	2
12	湖南	52.25	48.48	55.05	52.98	2
13	上海	52.08	45.35	48.46	59.83	2
14	湖北	52.04	50.95	49.70	54.61	2
15	福建	51.95	49.37	50.49	54.98	2
16	江苏	51.45	45.73	55.23	52.89	2
17	山东	51.35	47.71	52.86	52.95	2
18	浙江	51.12	49.13	52.61	51.51	2
19	新疆	50.29	63.04	45.34	44.44	3
20	安徽	50.20	55.20	47.89	48.17	3
21	吉林	49.29	54.44	48.53	45.99	3
22	四川	48.61	53.45	49.47	44.33	3
23	陕西	48.04	61.67	44.88	40.19	3
24	内蒙古	47.51	49.70	41.84	50.11	3
25	西藏	47.41	45.63	63.27	36.86	3
26	江西	46.59	53.24	50.78	38.46	3
27	青海	45.21	54.99	38.98	42.55	4
28	黑龙江	43.69	47.87	42.93	41.12	4
29	甘肃	43.47	58.88	43.42	31.95	4
30	辽宁	42.62	40.39	44.98	42.52	4
31	山西	41.32	56.51	34.10	35.35	4

表 5-6　2016 年各省份绿色生产指数(GPI 2016)　　　　　　单位:分

排名	地区	GPI 2016	产业结构	资源效率	排放强度
1	北京	72.28	21.56	19.51	31.20
2	上海	69.97	23.40	15.37	31.20
3	天津	68.46	21.11	18.29	29.06
4	广东	65.41	19.04	18.54	27.84

（续表）

排名	地区	GPI 2016	产业结构	资源效率	排放强度
5	山东	61.47	15.83	19.03	26.61
6	江苏	59.72	18.35	15.37	26.00
7	浙江	55.56	16.52	15.49	23.55
8	重庆	54.88	16.52	17.56	20.80
9	福建	54.37	14.22	14.15	26.00
10	安徽	48.09	12.85	15.37	19.88
11	湖北	47.65	14.22	12.93	20.49
12	辽宁	47.14	14.45	13.42	19.27
13	四川	46.78	13.54	11.22	22.02
14	湖南	46.04	13.54	12.93	19.58
15	河南	45.86	10.55	16.34	18.96
16	吉林	45.47	11.93	13.66	19.88
17	陕西	45.03	12.85	16.59	15.60
18	海南	43.87	14.91	12.44	16.52
19	河北	43.01	10.32	14.64	18.05
20	黑龙江	42.45	15.14	11.71	15.60
21	江西	42.29	12.85	12.93	16.52
22	西藏	40.15	13.99	8.41	17.74
23	山西	39.94	15.14	11.95	12.85
24	内蒙古	39.71	12.16	11.95	15.60
25	广西	39.08	8.72	12.93	17.44
26	贵州	37.26	9.41	13.17	14.68
27	云南	36.87	10.78	11.71	14.38
28	甘肃	33.28	11.47	10.49	11.32
29	青海	32.97	11.47	9.27	12.24
30	宁夏	32.54	12.39	9.76	10.40
31	新疆	31.44	10.55	10.49	10.40

根据指标等级划分,北京、河北、贵州属于第一等级,为 GPPI 2016 得分最高的三个省份。

三个省份的总得分排名靠前,但是各省份产业升级、资源增效、排放优化等二

级领域内的得分状况各有差异。北京突出排放优化优势,以二级指标排放优化得分 67.86 分,GPPI 2016 综合得分 57.34 分,分别位居排放优化与 GPPI 2016 总分第一名;贵州则以资源增效得分 60.73 分,位居资源增效领域得分第二,排放优化领域得分 60.22 分,位居第二的优势,总分排名脱颖而出;河北则是产业升级、资源增效、排放优化三方面均获得较高分数,总分排名靠前。

近年来,北京紧紧围绕首都城市核心功能,以减少污染物排放为突破口,着力提升人居环境,环境空气质量水平得到明显提升。通过淘汰高排放老旧机动车、强化排放达标监管、机动车尾号限行等举措,在优化机动车排放上下功夫。针对火电、冶金、钢铁等高能耗、高排放的企业,一方面依托疏解北京非首都功能的政策支持,实现产业转移;另一方面采用节能减排技术手段,实现排放优化。河北凭借京津冀协同发展的区位优势,以化解过剩产能为抓手,通过行政命令与市场调节的双重作用,倒逼过剩、过载、落后产能退出,引导资源向新兴产业与优势企业集中,鼓励企业以科技手段促进资源提质增效,带动污染物排放降低,实现产业升级、资源增效、排放优化三者之间的良性互动。贵州在资源增效与排放优化领域取得较大进步,得益于作为首批国家生态文明试验区的生态之州发展定位。为了实现经济社会发展与生态环境保护的双赢,贵州加大对于工业企业、矿产企业的环保监管,推进重污染工业企业、矿产企业节能减排技术的推广应用,降低污染物排放的总量与浓度。通过加大对电力、冶金、建材、化工、造纸、有色金属、煤炭等行业落后产能的淘汰力度,积极引导企业向环境基础设施较为完善的园区集中,推动产业集聚发展、资源集约利用、污染集中控制。

第二等级包含省份最多,共十五个省份,分别是重庆、广西、河南、宁夏、海南、广东、云南、天津、湖南、上海、湖北、福建、江苏、山东、浙江,这些省份绿色生产发展速度较快。虽然重庆等十五个省份综合得分位居第二等级,但是不同省份绿色生产方面存在各自的优势与短板。

重庆以产业升级得分 48.97 分、资源增效得分 54.26 分、排放优化得分 58.20 分,三个领域均获得较高分数,总分 54.25 分,位居第二等级首位,具有发展较为均衡的特点。重庆作为传统工业基地,面临着钢铁、化工、有色金属、建材等高耗能产业能源消耗量较大、污染物排放量集中的难题。近年来,重庆依托绿色生产这条新路子,全面推进钢铁、有色金属等传统制造业绿色改造,着力建设绿色工厂、绿色园区,形成以两江新区、璧山工业园区为代表的新型产业聚集模式,综合推进企业节能、产业环保、资源循环利用,实现产业升级、资源增效、污染减排的均衡发展。

海南、广西、广东、江苏、山东、浙江等东南沿海省份,充分利用对外开放的区位优势,在多年来产业转型升级形成的良好基础上,资源增效成为支撑绿色生产发展的动力引擎。以海南为例,资源增效二级指标得分为 56.55 分,位居全国第五。近年来,海南省通过制定和实施节能减排行动方案,积极引进先进工艺项目,淘汰落后产能,推进节能技术改造,推进燃煤锅炉节能环保综合提升,在工业节能、建筑节能、交通运输节能、公共机构节能等领域发展迅速。

上海、天津、福建突出排放优化对于绿色生产发展的带动作用。以上海为例,排放优化二级指标得分 59.83 分,仅次于北京和贵州,位居排放优化领域第三。上海对生产设计、能源与材料选用、工艺技术与设备维护管理等生产服务的各个环节均实施全过程监管,实现从产业源头减少资源消耗,从产业末端控制污染的产生与排放。按照上海市污染应急减排程序,在重度污染天气条件下,采取对重点工业企业限产限污,停止建筑施工等工地易扬尘作业,停止易扬尘码头堆场作业,环境市容部门加强道路保洁,禁止渣土车运营,禁止秸秆露天焚烧等举措,确保污染物减排见实效。

河南、宁夏、云南、湖北等省份,改变传统高投入、高消耗、低质量、低产出的粗放发展模式,凭借资源、劳动力、生态、区位等优势,积极推广应用绿色制造技术,提升绿色制造水平,不断助推产业转型升级,向投入少、产出多、效益好、污染少的产业发展方式转变,实现产业升级带动绿色生产转型。以宁夏为例,近年来,宁夏重视高新技术产业的发展,以发展高新技术产业带动产业结构优化升级、经济发展方式转变和现代产业体系建设,着力推进新能源、新材料、节能环保、生物医药的高新技术发展,着力改造传统产业等领域。高新技术产业保持良好的发展态势,在促进产业结构优化,辐射带动区域发展,培植产业集群,增加可持续发展能力等方面发挥着日益重要的作用。

湖南与湖北作为地域上相邻的两个内陆省份,虽然在 GPPI 得分上相差无几,湖南总分 52.25 分,湖北总分 52.04 分,二者绿色生产整体实力不分伯仲,但是在具体领域,两省的发展各有千秋。湖南资源增效二级指标得分 55.05 分,全国排名第九,这表明湖南在资源增效领域的发展速度优势明显,近年来着力以提升资源供给的质量与效率推动绿色生产快速发展。湖北排放优化领域二级指标得分54.61 分,位居全国中上游水平,则凸显出他们以排放优化为引领,促进绿色生产快速发展。

第三等级包含八个省份,分别是新疆、安徽、吉林、四川、陕西、内蒙古、西藏、江西,绿色生产整体上处于中低速发展层级。

新疆、陕西等省份,通过健全创新平台,加快科技攻关与成果转化等举措,在产业结构调整、战略性新兴产业发展、现代服务业等领域取得较快发展,但是他们所面临的污染物排放优化缓慢的瓶颈,制约区域绿色生产发展。以新疆为例,产业升级得分 63.04 分,排名全国第一,但是资源增效得分 45.34 分,排放优化得分

44.44 分,均排名全国中下游水平,成为制约绿色生产快速发展的短板。新疆作为全国重要的矿产基地、能源基地,在绿色生产领域取得较快发展,但仍然面临着较多的制约因素。一些规模小、工艺差、技术落后、综合利用率低的企业挤占矿产资源,造成的资源浪费和环境破坏均比较严重。在污染物减排领域,结合新疆城市建设和工业用能发展,建设电锅炉、电供暖、地源热泵、冷热联供等基础设施,逐步替代传统燃料加热供暖方式,类似的举措需要尽快落实完善。

西藏,资源增效以 63.27 分位居全国第一,但是产业升级得分较低,仅得分 45.63 分,排名全国倒数第四;排放优化得分 36.86 分,排名全国倒数第三。以西藏为例,西藏生态环境脆弱,生态承载能力较低,生产过程中的污染物排放既要综合考虑排放总量,又要考虑区域生态承载能力。对于污染物排放优化的改进,成为西藏推进绿色生产快速发展的关键领域。

内蒙古、安徽、吉林、四川、江西等省份,虽然产业结构二级指标得分排名处于中上游水平,但是由于受到资源增效与排放优化领域短板的制约,总分排名靠后。以内蒙古为例,内蒙古地域辽阔,矿产资源种类较多,是国家重要的能源基地。但是,内蒙古矿产资源具有富矿、大型矿少,小矿、贫矿、难选矿多,资源禀赋差的特点,给矿产资源开发利用效率与利用水平的提升增加困难。在绿色生产发展中,资源开采、资源消耗、废弃物产生、循环利用等环节,均存在着资源循环利用水平不高,循环利用进步速度较慢的问题。

第四等级,也是发展较慢的省份,分别是青海、黑龙江、甘肃、辽宁和山西。

甘肃、山西、青海,在产业升级二级指标较高,排名靠前,但是在资源增效与排放优化领域排名较后,整体得分较低。以甘肃为例,甘肃产业升级得分 58.88 分,全国排名第三,但是资源增效得分 43.32 分,全国排名二十七;排放优化得分 31.95 分,全国排名倒数第一。甘肃作为西北老工业基地,近年来通过打造优势产业聚集,完善制造业创新体系,推进产业转型升级,产业提质增效助力绿色生产迅速发展。然而,在污染物排放领域仍然存在着许多制约甘肃绿色生产发展的障碍。中央环保督查组对祁连山自然保护区周边企业偷排偷放问题的通报,集中反映出甘肃省污染物排放领域存在的突出矛盾,表明甘肃在绿色生产发展进程中污染物排放领域仍有较大的提升空间。山西,作为传统煤炭产销大省,面临着转变传统粗放型煤炭开发与利用方式的重担。在资源开发使用与污染物排放领域,煤炭产业结构失衡、过剩与落后产能较多、煤炭使用的效率化与清洁程度不高等因素成为制约传统资源型省份推进绿色生产的共性问题。

黑龙江、辽宁,产业结构、资源增效、排放优化领域得分均较低。以辽宁为例,作为东北老工业基地的重要组成省份,产业结构升级得分 40.39 分,位居全国倒数第一,表明辽宁的资源型、传统型、重化工型产业结构仍然占据主导地位,新兴产业发展相对较慢,产业结构转型升级、资源提质增效、污染物排放优化等领域的发展速度均处于偏低水平,成为制约绿色生产的短板。

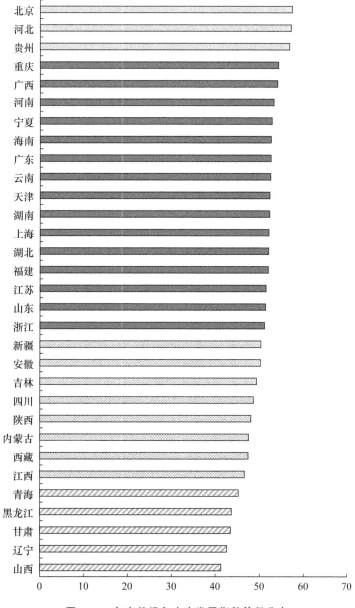

图 5-10 各省份绿色生产发展指数等级分布

2. 省份产业升级分析

2016 年度,各省份产业转型升级势头各有不同(图 5-11)。新疆产业升级指标得分最高,为 63.04 分,表明其产业转型升级处于快速发展阶段。其中,高技术产值占地区生产总值比重增长率达到 166.18%,仅次于宁夏,位居全国第二。面对产业转型升级的战略机遇期,新疆以创新驱动抢抓发展机遇,自从 2011 年开始,新疆制定并落实困难地区新办企业"两免三减半"所得税优惠政策。通过培育战略性新兴产业,推进科技创新与构建现代产业体系紧密结合,增强产业的技术优势和竞争优势,加快发展现代服务业,带动资源优化配置,从而促进产业结构调整。以新疆霍尔果斯市为例,针对影视、文化传媒服务业、信息科技产业、金融服务业、商务服务业、生物制药类、新能源、农副产品深加工类、进口资源精深加工类、节能环保产业等,制定"五年内免征,五年后减半征收"的税收优惠政策与财政奖励补贴政策,吸引投资、人才、产业等要素在新疆集聚发展,从而有力地推动产业升级。

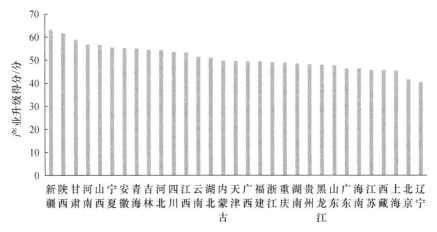

图 5-11　2014—2015 年各省份产业升级得分排名

"十二五"期间,山西产业升级速度以 55.56%,位居榜首,在各省份中产业升级发展速度最快(图 5-12)。其中,第三产业产值占地区生产总值比重增长率为 50.88%,第三产业就业人数占地区就业总人数比重增长率为 6.73%,R&D 投入强度增长率为 2.97%,高技术产值占地区生产总值比重增长率为 151.79%。青海次之,产业升级速度以 55.34%,位居第二。其中,第三产业产值占地区生产总值比重增长率为 28.04%,第三产业就业人数占地区就业总人数比重增长率为 12.23%,R&D 投入强度增长率为 −36%,高技术产值占地区生产总值比重增长率为 219.96%。以青海为例,依托青海国家高新技术产业开发区,通过中央预算内投资、专项建设资金支持、税收优惠政策等举措,培育竞争优势和发展潜力较大的高新技术产业,鼓励特色产业聚集,逐步形成以装备制造、生物技术、中藏药加工、高原绿色食品加工和生产性服务业等高新技术产业为特色的国家级高新技术产业开发区,为推动青海经济持续快速发展、产业结构转型升级发挥重要的引领作用。

北京的产业结构增速缓慢,仅为0.27%。其中,第三产业产值占地区生产总值比重增长率为4.71%,第三产业就业人数占地区就业总人数比重增长率为6.55%,R&D投入强度增长率为4.34%,高技术产值占地区生产总值比重增长率为−15.15%。近年来,北京加快产业结构调整优化,产业结构发展水平总体上在全国处于领先位置,甚至可与世界发达国家的主要城市相媲美。因此,北京产业结构领域已处于较高水平,较大的基数决定着增速不再亮眼。

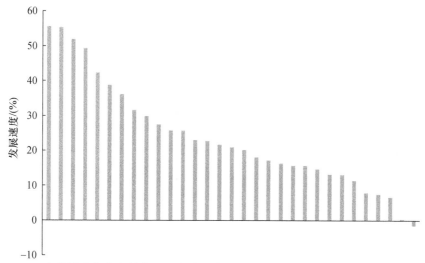

图5-12 "十二五"期间各省份产业升级发展速度

辽宁产业升级发展速度滞缓,跌至全国末位。近年来,辽宁全省经济发展呈现下滑趋势,产业升级维度各个指标中,只有第三产业产值占地区生产总值比重增长率实现正增长,达到10.6%;其余三项指标均呈现下滑的发展趋势,第三产业就业人数占地区就业总人数比重增长率为−0.86%,R&D投入强度增长率为−16.45%,高技术产值占地区生产总值比重增长率为−22.98%。辽宁作为老工业基地,在产业结构调整中产能过剩现象日益凸显,能源、钢铁和传统装备制造业

的发展遭受冲击;同时,面临着研发经费支出低于全国平均水平、科研成果转化率不高、科技创新能力较弱等现实难题,严重制约产业结构调整与转型升级。调整产业布局、着力培育高技术产业与新兴产业、优化产业发展政策与环境是辽宁推进绿色生产发展中需要关注和解决的问题。

3. 省份资源增效分析

2014—2015 年间,全国各省份资源增效发展均呈现出快速发展趋势(图5-13),西藏最为显著,得分 63.27 分,位居资源增效领域全国榜首。其中,西藏的工业固体废物综合利用提高率为 43.15%,增长速度位居全国第一;单位工业产值水耗下降率为 20.77%,仅次于北京,位居全国第二。近年来,西藏针对工业企业产生的固体废物循环利用问题,通过建立再生资源行业管理体系、再生资源绿色网点,实现再生资源回收利用的集约经营,逐步实现产业化、规模化发展。在水资源循环利用领域,坚持"节水优先"方针,严格用水总量管控,对高耗水行业用水实施定额,开展节水诊断、水平衡测试、用水效率评估,逐步推进清洁生产和节水型企业建设。

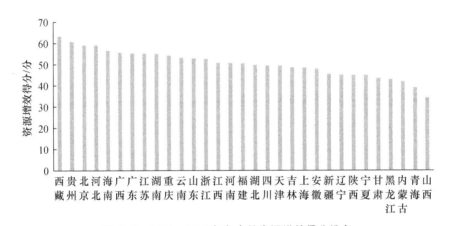

图 5-13 2014—2015 年各省份资源增效得分排名

山西资源增效得分偏低,仅为 34.1 分,表明发展速度在全国排名靠后。其中,山西的单位工业产值能耗下降率为 −18.9%,全国统计省份排名倒数第二。单位工业产值水耗下降率为 21.15%,全国排名倒数第二。单位农业产值水耗下降率为 −10.2%,全国排名倒数第一。工业固体废物提高率为 −14.98%,呈现出退步的发展趋势。近年来,山西在传统能源利用方式改造升级中取得较快发展,但是在资源利用领域的基础设施建设、资源配置、重大项目安排及产业政策方面的支持与保障力度有待加强,应当从推进资源规模开发和产业集聚发展方面重点推进能耗、水耗降低。在农业生产领域,以水资源的高效利用为切入点,依靠农艺技术提高节水能力建设水平,增强农民农业生产的节能意识,增强循环农业的发展动力。

"十二五"期间,全国二十七个省份资源增效呈现出快速发展趋势(图 5-14),仅青海、甘肃、山西、新疆四省份的发展速度放缓,其中新疆发展速度减缓较为明显,为−14.93%。新疆单位工业产值能耗下降率为−61.62%,反映出新疆能源消耗结构方面存在着明显的下滑趋势,在建筑节能改造、集中供热煤改气工程、工业节能技术改造、农业清洁生产、节能能力建设等方面仍存在着较大的提升空间。

贵州、北京两省份的资源增效发展速度明显高于全国其他省份。贵州以38.28%的速度位居第一,北京以36.93%位居第二,均高出以发展速度22.55%排名第三的福建十几个百分点,发展速度的优势明显。但是,贵州与北京取得较快发展速度的优势领域各不相同。

贵州,单位工业产值水耗下降率为59%,单位农业水耗下降率为59.89%,明显优于全国其他省份,分别稳居全国排名第一。贵州资源增效提升,得益于工农业水耗的明显下降。近年来,贵州通过加大节水专项资金投入,完善基础设施建设,加强水环境治理、节水制度建设等工作,建立节水长效机制,推广节水新技术、新工艺、新设备,把节约用水工作贯穿于水资源开发、利用和保护的全过程,贯穿于工农业生产与居民生活的各个方面,在水资源高效利用领域取得较快发展。

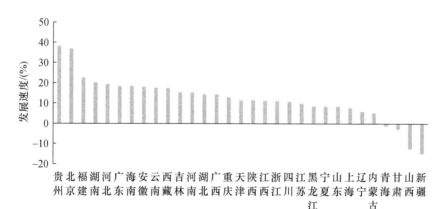

图 5-14　"十二五"期间各省份资源增效发展速度

北京单位工业产值能耗下降优势最为明显,下降率为47.35%,位居全国排名第一。依托京津冀协同发展政策优势,北京鼓励生物医药、节能环保、高端制造、新型建材、新能源、石化等重点领域的企业,尤其是战略性新兴产业、高技术制造业和现代制造业领域的企业,将生产性研发、产业配套和制造环节外迁,研发中心保留在北京聚集,该项举措对于工业增加值能耗下降作用明显。

4. 省份排放优化分析

2014—2015 年间,全国三十一个省份排放优化均呈现出快速发展趋势(图 5-15),北京以 67.86 分的好成绩,位居排放优化领域得分榜首。工业二氧化硫排放强度下降率为 44.77%,工业氮氧化物排放强度下降率为 57.88%,工业烟(粉)尘排放强度下降率为 42.26%,三项指标稳居全国第一。近年来,北京通过改造升级、疏解转移、节能减排、总量控制,针对大气、水体等重点领域表现出的突出矛盾进行集中整治,环境空气质量得到明显改善。

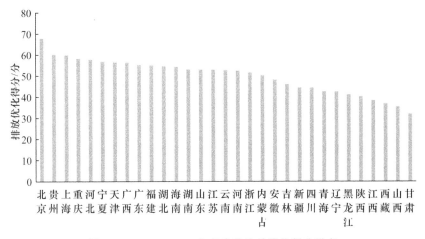

图 5-15　2014—2015 年各省份排放优化得分排名

甘肃,在排放优化领域的得分较低,仅为 31.95 分,位居全国排名倒数第一。其中,工业化学需氧量排放强度下降率为 -20.12%,为全国排名倒数第二。工业氨氮排放强度下降率为 -23.38%,为全国排名倒数第二。工业二氧化硫排放强度下降率为 -24.62%,全国排名倒数第一。工业氮氧化物排放强度下降率 -12.23%,全国排名倒数第一。工业烟(粉)尘排放强度下降率也呈现负增长的降速发展趋势,为 -1.38%。甘肃拥有丰富的矿产资源。近年来,由于部分工矿企业在生产过程中,对资源开采、废料处理、生态保护等不够重视,导致矿产资源的粗放开发对大气与水体造成污染。

"十二五"期间,二十九个省份的排放优化呈现出进步发展态势(图 5-16),北京以 57.53% 的发展速度,贵州以 54.02% 的发展速度,稳居全国前两位,发展速度明显高于以 41.58% 排名第三的湖南。北京,在大气污染物排名领域的增长速度优势明显。其排放优化的优势体现在大气污染物排放下降领域,其中,工业二氧化硫排放强度下降率为 70.42%,工业氮氧化物排放强度下降率为 75.56%,工业烟（粉）尘排放强度下降率为 63.71％,三项指标发展速度均为全国第一。贵州,排放优化领域快速发展。其中,工业化学需氧量排放强度下降率为 47.79％,工业氨氮排放强度下降率为 49.06％,工业二氧化硫排放强度下降率为 63.42％,工业氮氧化物排放强度下降率为 63％,工业烟（粉）尘排放强度下降率为 50.53％,下降幅度均接近或超过 50％。

黑龙江与山西两省排放优化发展速度呈现出明显下降态势,黑龙江排放优化发展速度为 -16.38％,山西为 -5.41％。黑龙江排放优化减速发展趋势最为明显。其中,工业化学需氧量排放强度下降率为 -23.05％,工业氨氮排放强度下降率为 -34.54％,两项指标均为全国排名倒数第一;工业烟（粉）尘排放强度下降率为 -22.85％。以上三项指标均呈现出降速发展趋势,反映出工业生产中水体污染物、大气污染物排放亟须加强管控与治理。以山西为例,山西最为突出的是工业烟（粉）尘排放强度下降率,达到 -45.46 ％。作为传统的煤炭产出大省,山西大气污染物防治工作主要涉及燃煤污染控制、机动车污染控制、扬尘污染治理等多个方面,重点在控煤、治污、管车、降尘四个领域发力。

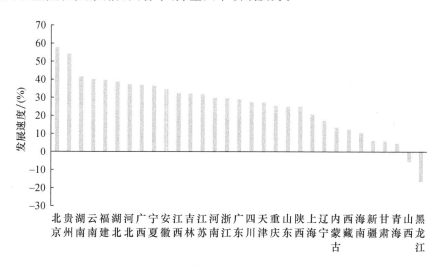

图 5-16 "十二五"期间各省份排放优化发展速度

(三) 绿色生产发展评价总结与启示

绿色生产的快速发展,既需要产业结构优化、资源增效、污染物减排三种要素作为驱动,也需要产业、资源、排放三重领域的协同推进。一方面,产业结构优化、资源增效、污染物减排是绿色生产的三大驱动因素。通过产业结构调整升级,淘汰落后、过剩、过载产能,以资源能耗降低为支点,撬动污染减排,形成推动绿色生产发展的新动能,从而实现绿色生产、产业结构、资源能耗、污染排放四者之间的

良性互动。另一方面,产业领域、资源领域、排放领域也共同制约着绿色生产的快速推进。为了实现区域绿色生产快速发展,产业领域、资源领域、污染排放领域缺一不可,离不开产业、资源、排放领域的统筹协调提升,需要补齐相关领域的短板,才能实现绿色生产又好、又快的发展。

1. 产业领域突出科技创新与产业升级双引擎

依靠自主创新,发挥科学技术对经济社会的支撑与引领作用,提高科技进步对经济的贡献率,加快转变经济发展方式,实现经济社会全面协调可持续发展和综合国力不断提升。紧紧围绕企业是创新主体的宗旨,营造大众创业、万众创新的良好氛围,鼓励新兴市场主体,创办新企业、开发新产品、培育新市场、开拓新兴产业,打造新引擎、形成新动能。

通过加深产学研深度融合发展,加快产业集聚促进产城融合,加强大数据与现代产业体系相结合,让机构、人才、装备、资金、项目等要素活跃起来,实现线上产业与线下产业之间的互动,实现传统产业数字化发展,形成推进产业结构升级的强大动力。面对抢占未来经济社会发展制高点的重大挑战,大力发展战略性新兴产业,努力形成以节能环保、新一代信息技术、生物、高端装备制造产业为支柱,新能源、新材料、新能源汽车为先导的国民经济新领域。

2. 资源领域重点推进资源降耗与资源增效双丰收

降低资源消耗,重点在于改善工业企业的能源消费结构与生产技术水平,推广应用新能源、低碳技术,传统化石燃料清洁技术以及先进发电技术等技术手段;重点进行可再生能源等能源新技术领域的重大开发攻关,促进能源供应的多样化。

推进资源结构调整,减少无效与低端供给,扩大有效与中高端供给,增强资源供给结构对需求变化的适应性与灵活性,提高资源利用的有效性与精准性,带动提升产业全要素生产率。借助共享经济新模式,盘活闲置的存量资源,通过提高闲置资源的利用率,增加社会总供给,同时降低生产总成本,进而促进资源使用效率提升。

3. 排放领域着力实现污染物排放源头与末端双约束

污染物排放管控,是中国绿色生产模式转型的必然选择,也是应对国际挑战、展现负责任大国、履行环境承诺的重要举措。以往的生产方式是建立在能源资源与生态环境承载能力较大的基础上的。当前,绿色生产方式的发展,必须面对生态环境承载能力已经达到或接近上限的事实,依托清洁生产技术,从源头、生产过程和末端回收等环节,最大限度地预防和削减污染物的产生与排放。

面对经济发展带来的新增污染物,控制污染物排放种类与排放总量"双管齐下"。在源头治理方面,突出制度约束与新技术应用推广,以严格的排放制度硬约束,倒逼企业采用节能减排新技术。末端治理方面,强调与再生资源产业融合,以减量化、无害化、资源化为目标,通过提取与回收技术,让生产中的废弃物变废为宝,既提高资源利用效率,又可以消纳大量的废弃物,改善生态环境压力。

二、绿色生产发展类型分析

各省份绿色生产建设呈现出建设水平、发展速度的差异化特征。研究基于绿色生产指数和发展速度两个维度,将各省份绿色生产建设发展分为领跑型、追赶型、后滞型和中间型四种类型(表5-7)。绿色生产领跑型和追赶型省份共有十三个,后滞型省份有八个,中间型省份有十个,绿色生产发展初步呈现出速度优势。但各类型地区绿色生产发展不均衡,各有发展短板,其中,四类地区产业升级发展效果显著;多数地区资源利用效率低下,资源增效需要格外重视;排放优化层级性明显,是类型区分的决定性力量。

表 5-7　各省份绿色生产建设水平和发展速度的得分、等级及类型

地区	绿色生产建设水平	建设水平等级分	发展速度/(%)	发展速度等级分	等级分组合	类型
重庆	54.88	3	9.88	3	3-3	领跑
天津	68.46	3	6.68	3	3-3	领跑
上海	69.97	3	7.60	3	3-3	领跑
广东	65.41	3	8.00	3	3-3	领跑
福建	54.37	3	6.64	3	3-3	领跑
北京	72.28	3	14.79	3	3-3	领跑
云南	36.87	1	7.46	3	1-3	追赶
新疆	31.44	1	11.84	3	1-3	追赶
宁夏	32.54	1	18.16	3	1-3	追赶
河北	43.01	1	12.61	3	1-3	追赶
海南	43.87	1	8.93	3	1-3	追赶
贵州	37.26	1	13.27	3	1-3	追赶
广西	39.08	1	8.83	3	1-3	追赶
四川	46.78	2	0.36	1	2-1	中间
浙江	55.56	3	5.77	2	3-2	中间
山东	61.47	3	6.17	2	3-2	中间
辽宁	47.14	2	−4.87	1	2-1	中间
江苏	59.72	3	6.21	2	3-2	中间
吉林	45.47	2	2.02	1	2-1	中间

（续表）

地区	绿色生产建设水平	建设水平等级分	发展速度/（%）	发展速度等级分	等级分组合	类型
湖南	46.04	2	7.22	3	2-3	中间
湖北	47.65	2	6.78	3	2-3	中间
河南	45.86	2	6.94	3	2-3	中间
安徽	48.09	2	3.74	1	2-1	中间
西藏	40.15	1	−1.45	1	1-1	后滞
陕西	45.03	1	−0.86	1	1-1	后滞
山西	39.94	1	−8.10	1	1-1	后滞
青海	32.97	1	−0.67	1	1-1	后滞
内蒙古	39.71	1	2.24	1	1-1	后滞
江西	42.29	1	−1.25	1	1-1	后滞
黑龙江	42.45	1	−3.46	1	1-1	后滞
甘肃	33.28	1	−6.03	1	1-1	后滞

三、绿色生产发展态势与驱动因素分析

在全国继续大力推进生态文明建设的背景下，绿色生产建设取得了一定程度的进步，呈现出增速发展的态势，排放优化进步明显。从全国来看，产业升级增速进步，创新驱动效应逐步显现；排放优化加速进步，工业烟（粉）尘减排卓有成效；但资源增效进步速度全面回落，工农业用水效率和能源消费结构急需进一步优化。从各省份来看，各省份间进步速度差异缩小，其中，排放优化仍起主导作用；高新技术产业推动产业升级增速发展；但在经济发展的压力下，工业能耗成为短板，致使资源增效大幅回落。

通过相关性分析发现，节能减排是实现绿色生产的核心要素。提高资源使用效率、降低工业污染物排放对环境的影响是当前中国绿色生产发展中的核心问题，是未来绿色生产建设着力突破的维度。推进节能减排要充分发挥产业结构转型升级的基础作用，通过发展高新技术产业、绿色环保产业等推动产业绿色化、生产绿色化。

四、绿色生产发展评价思路与框架体系

课题组在 GPPI 2015 研究基础上，进一步调整与完善绿色生产量化评价的框架和指标体系，使其更能真实、客观地反映绿色生产发展的全貌。绿色生产发展评价的指标体系与分析方法如下。

1. 指标体系

在分析中国绿色生产转型的压力，辨析绿色生产核心要素的基础上，课题组

从产业升级、资源增效、排放优化三个维度优化了绿色生产发展指数(GPPI)、绿色生产指数(GPI)的量化评价框架与指标体系(表5-8,5-9),分别从动态发展与静态水平两方面描述、分析与评价中国绿色生产的发展进程、类型特征、发展态势与驱动因素。

表5-8 绿色生产发展指数评价指标体系(GPPI 2016)

一级指标	二级指标	三级指标	指标性质
绿色生产发展指数(GPPI)	产业升级	第三产业产值占地区生产总值比重增长率	正指标
		第三产业就业人数占地区就业总人数比重增长率	正指标
		R&D经费投入占地区生产总值比重增长率	正指标
		高技术产值占地区生产总值比重增长率	正指标
	资源增效	工业单位产值能耗下降率	正指标
		单位工业产值水耗下降率	正指标
		单位农业产值水耗下降率	正指标
		工业固体废物综合利用提高率	正指标
	排放优化	工业化学需氧量排放强度优化	正指标
		工业氨氮排放强度优化	正指标
		工业二氧化硫排放强度优化	正指标
		工业氮氧化物排放强度优化	正指标
		工业烟(粉)尘排放效应优化	正指标

表5-9 绿色生产指数评价指标体系(GPI 2016)

一级指标	二级指标	三级指标	指标性质
绿色生产指数(GPI)	产业升级	第三产业产值占地区生产总值比重	正指标
		第三产业就业人数占地区就业总人数比重	正指标
		R&D经费投入占地区生产总值比重	正指标
		高技术产值占地区生产总值比重	正指标
	资源增效	工业单位产值能耗	逆指标
		单位工业产值水耗	逆指标
		单位农业产值水耗	逆指标
		工业固体废物综合利用率	正指标
	排放优化	工业化学需氧量排放强度	逆指标
		工业氨氮排放强度	逆指标
		工业二氧化硫排放强度	逆指标
		工业氮氧化物排放强度	逆指标
		工业烟(粉)尘排放强度	逆指标

产业升级是衡量绿色生产发展的基础性指标。通过结构优化升级促进绿色

生产发展的途径有两条：一是通过化解产能过剩、培育发展现代服务业和战略性新兴产业所进行的结构优化；二是发展现代产业体系，运用高新技术改造传统产业，即转型的动力来自技术创新和升级。因此产业升级的指标着眼于结构和创新两个维度。产业升级包括四个三级指标：第三产业产值占 GDP 比重增长率、第三产业就业人员占地区就业人员比重增长率、研发经费投入强度增长率和高技术产值占 GDP 比重增长率。前两个三级指标指向产业结构布局，后两个指标指向创新维度。

资源增效考察绿色生产发展节约高效的特征，包括能耗与能效两个方面。能耗包括生产中消耗的水、能源的总量与增量控制，能效强调资源的重复、可循环利用。资源增效包括四个三级指标：单位产值工业能耗下降率、单位产值工业水耗下降率、单位产值农业水耗下降率、工业固体废物综合利用提高率。[①]

排放优化主要考量绿色生产中工业生产污染物排放对环境的影响。污染物排放既要着眼于总量维度，也要考虑排放强度的问题。排放优化包括五个三级指标：工业化学需氧量排放强度优化、工业氨氮排放强度优化、工业二氧化硫排放强度优化、工业氮氧化物排放强度优化、工业烟（粉）尘排放强度优化。

2. 算法和分析方法

研究采用相对评价法，计算各省份 GPPI 2016 得分和排名，反映各省份绿色生产发展速度；并运用相关性分析、聚类分析等描述与分析中国绿色生产建设的类型、发展态势与驱动因素。

（1）相对评价的算法。

与 ECPI 2016 保持一致，研究采用 Z 分数（标准分数）计算各省份 GPPI 2016 得分。首先，将三级指标原始数据利用 SPSS 软件转换为 Z 分数；然后，根据各指标权重加权求和，计算出二级指标、一级指标的 Z 分数；最后，将 Z 分数分布转换为 T 分数，实现对各省域生态文明发展状况的量化评价。研究在数据标准化处理、特殊值处理、Z 分数计算、T 分数计算等方面，与 ECPI 采用相同的方法与步骤（详见第一章）。

在指标体系权重分配方面，经过专家咨询以及对绿色生产三要素的分析，GPPI 2016 二级指标权重分配为：产业升级 30%，资源增效 30%，排放优化 40%。三级指标权重采用德尔菲法确定，各三级指标权重分配如表 5-10，5-11 所示。

---

① 资源增效还应考量能源消费结构的优化，如新能源与可再生能源消费比重增长率，但由于中国地方统计年鉴中对能源消费结构的统计口径不统一，致使无法从地方统计年鉴中找到可用于比较的能源消费结构数据，因此 GPPI 2015 中对各省份的绿色生产发展评价舍弃了新能源与可再生能源消费比重增长率指标，但全国绿色生产发展速度评价中予以考虑，赋予权重分为 5，由此各三级指标的权重也相应调整。

表 5-10　绿色生产发展指数评价体系指标权重（GPPI 2016）

一级指标	二级指标	二级指标权重/(%)	三级指标	三级指标权重分	三级指标权重/(%)
绿色生产发展指数（GPPI）	产业升级	30	第三产业产值占地区生产总值比重增长率	6	10.59
			第三产业就业人数占地区就业总人数比重增长率	3	5.29
			R&D经费投入占地区生产总值比重增长率	4	7.06
			高技术产值占地区生产总值比重增长率	4	7.06
	资源增效	30	工业单位产值能耗下降率	5	9.38
			单位工业产值水耗下降率	3	5.63
			单位农业产值水耗下降率	3	5.63
			工业固体废物综合利用提高率	5	9.38
	排放优化	40	工业化学需氧量排放效应优化	4	9.41
			工业氨氮排放效应优化	4	9.41
			工业二氧化硫排放效应优化	3	7.06
			工业氮氧化物排放效应优化	3	7.06
			工业烟（粉）尘排放效应优化	3	7.06

表 5-11　绿色生产指数评价体系指标权重（GPI 2016）

一级指标	二级指标	二级指标权重/(%)	三级指标	三级指标权重分	三级指标权重/(%)
绿色生产指数（GPI）	产业升级	30	第三产业产值占地区生产总值比重	6	10.59
			第三产业就业人数占地区就业总人数比重	3	5.29
			R&D经费投入占地区生产总值比重	4	7.06
			高技术产值占地区生产总值比重	4	7.06
	资源增效	30	工业单位产值能耗	5	9.38
			单位工业产值水耗	3	5.63
			单位农业产值水耗	3	5.63
			工业固体废物综合利用率	5	9.38
	排放优化	40	工业化学需氧量排放效应	4	9.41
			工业氨氮排放效应	4	9.41
			工业二氧化硫排放效应	3	7.06
			工业氮氧化物排放效应	3	7.06
			工业烟（粉）尘排放效应	3	7.06

（2）分析方法。

研究采用聚类分析描述中国绿色生产发展类型特征，找寻区域绿色生产发展的共性与个性特征；运用进步率分析、相关性分析描述中国绿色生产建设的发展态势与驱动因素，为推动绿色生产转型找准方向和突破口。相应分析方法与EC-PI 2016保持一致（详见第一章）。

第六章　绿色生产建设发展类型分析

绿色生产的发展速度与建设水平息息相关,各省份的绿色生产建设现状与其发展速度普遍具有一定差异。正确处理好起跑点与速度之间的关系,厘清绿色生产建设水平和发展速度的契合点和特异性,对于科学地掌握各省的绿色生产情况具有极大的现实意义。本章在绿色生产建设水平和发展速度的基础上,对各省份进行类型划分和分析,希望能更客观地为绿色生产的进一步发展提供借鉴。

一、绿色生产发展类型概况

立足于绿色生产建设水平和发展速度,对两者进行等级赋分,可以将各地区的绿色生产建设发展分为领跑型、追赶型、中间型和滞后型四种类型。领跑型地区有六个,包括重庆、天津、上海、广东、福建和北京;追赶型地区有七个,包括云南、新疆、宁夏、河北、海南、贵州和广西;中间型地区有十个,包括四川、浙江、山东、辽宁、江苏、吉林、湖南、湖北、河南和安徽;滞后型地区有八个,包括西藏、陕西、山西、青海、内蒙古、江西、黑龙江和甘肃(表6-1)。从数量上看,中间型地区和后滞型地区占据大多数,领跑型和追赶型地区数量较小。从空间上看,各类型地区分布较为分散,且无明显的区域性特征。

表 6-1　各省份绿色生产建设水平和发展速度的得分、等级及类型

地区	绿色生产建设水平	建设水平等级分	发展速度/(%)	发展速度等级分	等级分组合	类型
重庆	54.88	3	9.88	3	3-3	领跑
天津	68.46	3	6.68	3	3-3	领跑
上海	69.97	3	7.60	3	3-3	领跑
广东	65.41	3	8.00	3	3-3	领跑
福建	54.37	3	6.64	3	3-3	领跑
北京	72.28	3	14.79	3	3-3	领跑
云南	36.87	1	7.46	3	1-3	追赶
新疆	31.44	1	11.84	3	1-3	追赶
宁夏	32.54	1	18.16	3	1-3	追赶

（续表）

地区	绿色生产建设水平	建设水平等级分	发展速度/(%)	发展速度等级分	等级分组合	类型
河北	43.01	1	12.61	3	1-3	追赶
海南	43.87	1	8.93	3	1-3	追赶
贵州	37.26	1	13.27	3	1-3	追赶
广西	39.08	1	8.83	3	1-3	追赶
四川	46.78	2	0.36	1	2-1	中间
浙江	55.56	3	5.77	2	3-2	中间
山东	61.47	3	6.17	2	3-2	中间
辽宁	47.14	2	−4.87	1	2-1	中间
江苏	59.72	3	6.21	2	3-2	中间
吉林	45.47	2	2.02	1	2-1	中间
湖南	46.04	2	7.22	3	2-3	中间
湖北	47.65	2	6.78	3	2-3	中间
河南	45.86	2	6.94	3	2-3	中间
安徽	48.09	2	3.74	1	2-1	中间
西藏	40.15	1	−1.45	1	1-1	后滞
陕西	45.03	1	−0.86	1	1-1	后滞
山西	39.94	1	−8.10	1	1-1	后滞
青海	32.97	1	−0.67	1	1-1	后滞
内蒙古	39.71	1	2.24	1	1-1	后滞
江西	42.29	1	−1.25	1	1-1	后滞
黑龙江	42.45	1	−3.46	1	1-1	后滞
甘肃	33.28	1	−6.03	1	1-1	后滞

二、领跑型地区的绿色生产发展状况

领跑型地区的绿色生产建设水平最高，绿色生产的发展速度较快，是中国绿色生产发展的排头兵。该类型地区的绿色建设水平和绿色生产发展速度皆高于全国平均水准（表6-2，图6-1）。在二级指标上的发展速度上，该类型地区的资源增效和排放优化的发展速度相较于全国来看优势明显，而产业升级的表现则处于劣势（图6-2）。从地域分布上来看，领跑型地区以东部沿海地区为主，西部省份重庆在领跑型地区也谋得一席之地。

表 6-2   2016 年度领跑型地区绿色生产的基本状况

地区	产业升级 /(%)	资源增效 /(%)	排放优化 /(%)	绿色生产发 展速度/(%)	绿色生产 建设水平
重庆	5.38	4.17	17.53	9.88	54.88
天津	2.58	−0.96	15.49	6.68	68.46
上海	1.38	−1.89	19.37	7.60	69.97
广东	3.02	4.83	14.12	8.00	65.41
福建	3.43	−0.72	14.57	6.64	54.37
北京	−1.18	8.09	31.80	14.79	72.28
类型平均值	2.43	2.25	18.81	8.93	64.23
全国平均值	7.52	−0.12	6.99	5.01	47.39

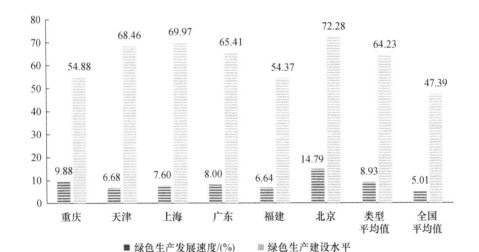

图 6-1   2016 年度领跑型地区绿色生产的基本状况

　　领跑型地区在产业升级上已经逐步走向一个新的阶段,虽然整体还保持进步态势,但发展动力不足,需要寻找发展新动能。领跑型地区有着良好的经济基础,产业结构和科技创新方面较为成熟。在此背景下,该类型地区产业升级的发展速度均值仅为 2.43%,各地区此项二级指标的发展速度均低于全国 7.52% 的均值。第三产业产值占地区生产总值比重增长率的类型均值仅为 3.69%,低于全国 6.3% 的均值。第三产业就业人数占地区就业总人数比重增长率的均值也并不突出,基本与全国均值持平。其中,北京和上海第三产业发展趋于成熟,拉动了该类型地区产业升级的整体水平,但其他地区依旧还有较大的结构调整空间,领跑型

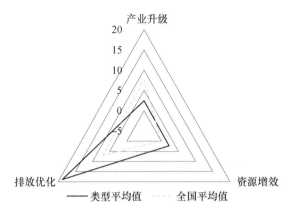

图 6-2　2016 年度领跑型地区绿色生产二级指标与全国对比雷达图

地区整体依旧面临着巨大的产业升级压力。在高技术产值占地区生产总值比重增长率这项指标上,该类型地区的均值呈现了负增长,为 -1.83%,远低于全国 17.44% 的均值。其中北京、天津和上海的下降幅度较大。产业升级并不是简单地调整产业结构布局,领跑型地区在拉动高附加值的第三产业增长的同时也不能忽略制造业的创新活力的带动性作用。对于这类地区来说,仍需要加大力度引导资源向高新技术产业集中,在高新技术产业的投入和产出上再下功夫,只有这样,领跑型地区才能继续保持住绿色发展的优势。

北京的四项三级指标的发展速度在领跑型地区中皆位列后三位。如何在较高的发展基础上延续绿色生产的优势地位,进一步激发创新活力,是北京将要解决的问题。重庆的科技创新能力有了显著提升,其在 R&D 投入强度增长率和高技术产值占地区生产总值比重增长率这两方面的发展速度是领跑型地区中最快的。但是,重庆也出现了科技创新发展与产业结构调整步调不一致的情况。相较该类型其他地区,重庆还有更大的发展空间。这就需要重庆把握发展机遇,延续发展势头,进一步调整产业结构和就业结构,积极发展对生态环境压力较小的第三产业服务业。

资源增效方面,领跑型地区有一定优势,但也有一半的地区发展速度为负增长。该类型地区资源增效的发展速度均值为 2.25%,高于全国 -0.12% 的均值。北京对均值的拉动力较强,发展速度达到了 8.09%。工业固体废物综合利用提高率这项三级指标上,领跑型地区发展速度不尽如人意,其均值仅为 -2.7%,低于全国 -0.97% 的均值。除了广东以外,该类型其他地区的工业固体废物综合利用情况皆出现倒退。在全国范围此项指标负增长的背景下,领跑型地区并没有起到模范带头作用。结合自身实际,构建多元化的产业结构,增强产业链条的可持续性,推动废物回收、再加工产业落户是当下领跑型地区的着力点。

天津和上海在资源增效方面的表现不尽如人意,四项三级指标的发展状况都较差(表6-3)。两个地区本身资源较为匮乏,需要进一步提高资源利用效率,推动新型工业和生态农业转型。

表6-3　天津、上海资源增效基本状况　　　　　　　　　单位:%

地区	单位工业产值能耗下降率	单位工业产值水耗下降率	单位农业产值水耗下降率	工业固体废物综合利用提高率
天津	0.21	−0.18	−3.95	−0.81
上海	−2.87	−0.32	−2.66	−1.40

领跑型地区在排放优化方面表现强势,不同地区在不同三级指标上都有高速其至超高速发展的表现,各地区在污染物排放方面的控制上效果显著。该类型地区排放优化的发展速度均值为18.81%,六个地区排放优化的发展速度均超过10%。当然,领跑型地区在排放优化取得良好进展的同时,也要注重污染物排放从治理向管理的转变,降低污染物治理成本。

三、追赶型地区的绿色生产发展状况

追赶型地区的绿色生产建设水平基础较为薄弱,但绿色生产的发展速度最快,发展势头迅猛,是中国绿色生产发展的潜在力量。追赶型地区整体绿色建设水平得分在四个类型地区中是最低的,均值仅为37.72。但追赶型地区整体绿色发展速度又是四个类型地区中最高的,平均值达到11.59%(表6-4,图6-3)。追赶型地区有着良好的绿色生产发展潜力和发展动力,容易实现弯道超车。从地域分布上来看,追赶型地区以西部地区为主。西部地区以外的河北毗邻北京,在京津冀一体化的驱动下,带动了河北绿色生产的发展。而海南四面环海,消纳能力较强,因其独特的地理条件,在绿色生产的建设中有着先天的环境优势。在二级指标方面,该类地区产业升级、资源增效和排放优化三个二级指标的发展速度均高于全国平均水平(图6-4)。

表6-4　2016年追赶型地区绿色生产的基本状况

地区	产业升级/(%)	资源增效/(%)	排放优化/(%)	绿色生产发展速度/(%)	绿色生产建设水平
云南	7.56	2.71	10.96	7.46	36.87
新疆	44.76	−4.75	−0.42	11.84	31.44
宁夏	45.28	−6.13	16.03	18.16	32.54

（续表）

地区	产业升级/(%)	资源增效/(%)	排放优化/(%)	绿色生产发展速度/(%)	绿色生产建设水平
河北	8.41	9.61	18.02	12.61	43.01
海南	3.31	7.09	14.52	8.93	43.87
贵州	6.46	9.61	21.11	13.27	37.26
广西	4.36	4.60	15.36	8.83	39.08
类型平均值	17.16	3.25	13.65	11.59	37.72
全国平均值	7.52	−0.12	6.99	5.01	47.39

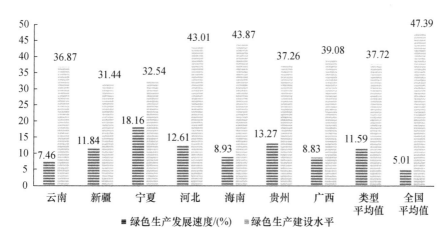

图 6-3　2016 年度追赶型地区绿色生产的基本状况

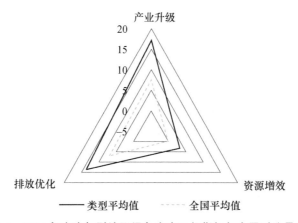

图 6-4　2016 年度追赶型地区绿色生产二级指标与全国对比雷达图

追赶型地区的产业升级在四个类型的地区中发展速度最快,同时这项指标也

是该类型地区所有二级指标中进步幅度最大的。该类型地区产业升级发展速度的均值达到 17.16%,远高于全国平均水准。在高技术产值占地区生产总值比重增长率这项指标上,该类型的均值极高,达到 60.56%。不难看出,追赶型地区在产业结构上的优异表现,得益于各地区创新能力的提高和劳动密集型产业向知识技术密集型转变的加快。但是该类型地区第三产业产值占地区生产总值比重增长率仅为 4.31%,低于全国 6.3% 的平均水平,与其他指标的高增长反差较大。所以,追赶型地区产业结构的优化并没有紧跟技术创新高速发展的步伐,在各个地区对技术革新高度重视的同时,对产业调整的推动性还有待加强。这就要求该类地区在产业升级方面,需要做到产业结构调整和技术创新两手抓。

追赶型各地区产业升级的发展速度并不均衡,相较而言,海南、广西和贵州产业升级的发展速度较为脱节,均低于全国均值。新疆和宁夏表现突出,带动了整体产业升级的发展速度。新疆在该项指标下的四个三级指标中的发展速度皆位于前三位。从三级指标上来看,高技术产业的发展是两地产业升级的主要推动力量。宁夏和新疆的高技术产值占地区生产总值比重增长率均呈现了超高速增长,宁夏增长率为 183.04%,新疆的增长率为 166.18%。

追赶型地区在资源增效方面依旧表现不俗。该类型地区资源增效的发展速度均值为 3.25%,高于全国 −0.12% 的均值。资源增效所涉及的四个三级指标皆高于全国平均水平,其中单位工业产值水耗下降率和工业固体废物综合利用提高率的超幅较为明显。

宁夏和新疆在资源增效方面表现不能令人满意,其发展速度呈现负增长,均低于全国平均水准。在单位工业产值能耗下降率这个三级指标上,宁夏和新疆的降幅较为明显,达到了 10% 以上。而在工业产值水耗下降率这项指标上,也仅有新疆是负增长。所以结合产业升级来看,新疆和宁夏两省并没有做到绿色生产的均衡发展。两地在科技创新大幅度前进的背景下,科技成果的转换程度不足显而易见,尤其体现在资源能耗领域。

追赶型地区在污染物的控制和治理上效果斐然。该类型地区排放优化的发展速度均值为 13.65%,除了新疆以外的六个地区此项指标的发展速度均超过 10%。污水和废气排放相关的五个三级指标上,该类型省份的平均值都高于全国均值。

新疆作为中国的能源大省,在污水处理和碳排放控制上还有待加强。新疆在工业化学需氧量排放强度下降率、工业氨氮排放强度下降率和工业氮氧化物排放强度下降率三个三级指标中皆呈现负增长。其中工业化学需氧量排放强度和工业氨氮排放强度上升了 10% 以上。因此,借助于产业升级高速发展的势头,新疆急需建立合理的能源消费结构,结合自身情况推动清洁能源发展。只有加快低碳经济转型,才能将资源优势转化为经济优势,从而促进低碳经济的可持续发展。

四、中间型地区的绿色生产发展状况

中间型地区的总体特征是绿色生产建设水平较高,是中国绿色生产的中坚力量,但绿色生产的发展速度缓慢。如何在较高的发展基础上进一步拓展发展空间,寻找新的增长极,是该类型地区亟待解决的问题。该类型近半数地区的绿色建设水平得分高于全国均值,类型平均分为 50.38,略高于全国平均值 47.39。该类型地区前三位的得分均超过领跑型省份中的重庆和福建。但在绿色生产发展速度方面,该类型地区皆低于 10%,近半数地区低于全国平均速度 5.01%,类型平均值仅为 4.03%。其中发展速度最慢的辽宁,是中间型地区唯一一个负增长地区,速度为 −4.87%(表 6-5,图 6-5)。从地域分布上来看,中间型省份以中东部地区为主。东部诸如山东、江苏、浙江等地区绿色生产基础水平较高,同样经济发展水平也较高,经济总量较大。在新常态下,中国经济步入换挡周期,东部地区依旧处于探索如何处理绿色与发展之间的关系的关键阶段。而东北部的绿色发展疲态明显,这与近年来东北地区经济衰退以及人才大量流失不无关系。在二级指标上,该类型地区的三个二级指标均低于全国均值,尤其产业升级方面,劣势明显,形势不容乐观(图 6-6)。

表 6-5　2016 年度中间型地区绿色生产的基本状况

地区	产业升级 /(%)	资源增效 /(%)	排放优化 /(%)	绿色生产发展速度/(%)	绿色生产建设水平
四川	3.94	−1.70	−0.78	0.36	46.78
浙江	4.06	3.27	8.91	5.77	55.56
山东	4.15	1.73	11.02	6.17	61.47
辽宁	−5.69	−6.69	−2.90	−4.87	47.14
江苏	2.23	3.96	10.86	6.21	59.72
吉林	7.06	−2.78	1.83	2.02	45.47
湖南	4.95	4.08	11.26	7.22	46.04
湖北	6.12	−1.39	13.39	6.78	47.65
河南	9.08	0.25	10.35	6.94	45.86
安徽	8.19	−2.13	4.81	3.74	48.09
类型平均值	4.41	−0.14	6.88	4.03	50.38
全国平均值	7.52	−0.12	6.99	5.01	47.39

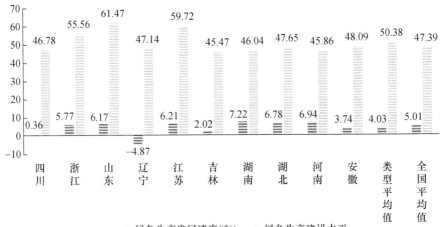

图 6-5   2016 年度中间型地区绿色生产的基本状况

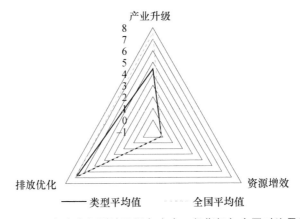

图 6-6   2016 年度中间型地区绿色生产二级指标与全国对比雷达图

产业升级是十一个中间型地区在三个二级指标中表现最好、发展速度最快的二级指标,但也只能说是差强人意。该类型地区产业升级的发展速度均值为4.41%,过半数低于全国7.52%的均值。产业结构调整方面,中间型地区基本可以做到与全国的发展速度同步。科技创新是拉低中间型地区产业升级整体速度的关键。科技创新相关的两个三级指标中,该类型地区的 R&D 投入强度增长率、高技术产值占地区生产总值比重增长率都低于全国平均水平。尤其是高技术产值方面,相较于全国范围来看,发展速度尤为缓慢。中间型地区有着较好的经济基础,该类型地区要依托自身原有的经济优势,加大推进产业调整和技术革新力度。具体措施包括发展地方优势产业,逐步淘汰废旧产业,推进对僵尸企业的兼并重组等。

辽宁在产业升级方面滞后性明显,尤其是在科技创新层面,辽宁成为中间型地区的重灾区。在 R&D 投入强度增长率和技术产值占地区生产总值比重增长率两项三级指标上,辽宁的跌幅巨大,皆超过 15%。辽宁作为中国老牌的工业大省,重工业较为发达。但是在经济新常态下,各地区经济结构面临转型,辽宁更是面临一个尾大不掉的局面。再加上近年来东北三省人才流失严重,劳动力匮乏已是不争的事实。所以在全国推动供给侧结构改革的背景下,辽宁应该积极调整经济结构,去库存、提质量、增效率,防止产能过剩。同时积极开展人才引进计划,从政策上改变当前的困难现状。

中间型地区资源利用效率的发展同样举步维艰。该类地区近半数为负增长,平均值为 -0.14%,低于全国 -0.12% 的均值。中间型地区在资源增效方面的特点是不均衡。该类各个地区无论是在能源利用、水资源利用还是在废弃物利用上,都各自存在短板,很难做到整体协调发展。对于中间型地区尤其是其中的西部和东北部地区来说,应该把资源增效的发展放在绿色生产发展的突出位置上。该类型大部分的省份都有着较好的工业基础,但同时受传统工业生产的影响也是根深蒂固。产业转型和技术推广的难度相对较大。为了避免积重难返的局面,在调整能源结构、提高资源利用效率等方面对这些地区提出了更高的要求。

中间型省份中,辽宁和安徽表现较差,对资源的重复、可循环利用能力严重不足。但是在农业用水方面,大部分省份的表现可圈可点,尤其是辽宁和江苏在单位农业产值水耗下降率方面皆下降了 15% 以上,不难看出中间型地区的生态农业转型效果斐然。

在排放优化方面,中间型地区的二级指标以及下设的各项三级指标均接近于全国平均水平,表现中规中矩,但远没有达到预期且呈现出了较为明显的地域特征。该类型地区排放优化的发展速度均值为 6.88%,仅有六个省份超过全国 6.99% 的均值,另外还有三个省份呈现负增长。其中中东部地区表现较好,发展速度平稳,而西部和东北部地区并没有与其步调保持一致。

中间型地区中,山东、江苏、湖北、河南、湖南五个地区在污水排放和废气排放上的治理发展较为均衡,均出现了 5%~20% 的发展势头。而东北部地区诸如吉林、辽宁,绿色生产起步较晚,绿色生产水平和经济发展还需要一个较长时间的适应期。在相当长历史时期的重工业发展后,短期内难以摆脱原有的高污染、高排放的生产方式,产业转型困难重重。这类地区应当从源头上解决排放问题,划定排放红线,把重点放到创新驱动上来,逐步淘汰高排放量的旧技术和旧设备。

五、后滞型省份的绿色生产发展状况

后滞型地区的总体特征是绿色生产建设水平低下,绿色生产的发展速度缓慢,尽管有很大的发展潜力,但还没有找到发展动能。该类型地区的绿色建设水平得分均低于全国均值,类型均分为39.48,高于追赶型地区的均值37.72。在绿色生产发展速度方面,该类型地区发展速度多数为负值,低于全国均值(表6-6,图6-7)。从地域分布上来看,后滞型省份多在西部地区。中部地区的江西因其在资源增效和排放优化的较差表现,也出现在了该类地区的榜单中。从二级指标上来看,该类型地区的三个二级指标均低于全国均值,资源增效和排放优化两项指标发展速度落后明显,远低于全国平均水平(图6-8)。

表6-6 2016年度后滞型地区绿色生产的基本状况

地区	产业升级/(%)	资源增效/(%)	排放优化/(%)	绿色生产发展速度/(%)	绿色生产建设水平
西藏	−4.76	18.98	−14.28	−1.45	40.15
陕西	10.77	−5.34	−6.23	−0.86	45.03
山西	6.42	−16.46	−12.73	−8.10	39.94
青海	14.80	−12.60	−3.34	−0.67	32.97
内蒙古	6.37	−8.87	7.48	2.24	39.71
江西	8.68	−0.16	−9.52	−1.25	42.29
黑龙江	2.45	−7.32	−4.99	−3.46	42.45
甘肃	9.49	−6.96	−16.98	−6.03	33.28
类型平均值	6.78	−4.84	−7.57	−2.45	39.48
全国平均值	7.52	−0.12	6.99	5.01	47.39

产业升级是三个二级指标当中唯一一个接近全国均值的指标,客观地看,受迫于地理环境的限制,后滞型地区在产业升级上的表现还是有闪光之处。该类型地区产业升级的发展速度均值为6.78%,除西藏以外,没有出现负增长现象。除了黑龙江在第三产业就业人数占地区就业总人口比重有些许下降以外,其他后滞型地区在第三产业相关指标上皆为正值。不难看出后滞型省份在产业结构调整上取得了不错的成效。而在技术创新层面,各地区还要做更多的工作。技术创新所涉及的两项三级指标的发展速度均低于全国平均水平。从国家层面来看,应当从政策方面鼓励人才往西部地区流动,加大对西部地区的技术扶持。而后滞型省份也应当采取多种措施,吸引人才流入,重视技术引进。

后滞型地区在资源增效面临较大问题,在工业能耗、水耗和固体废物综合利用方面,除西藏以外,其余地区皆表现欠佳。普遍表现为负增长或低速增长状态。

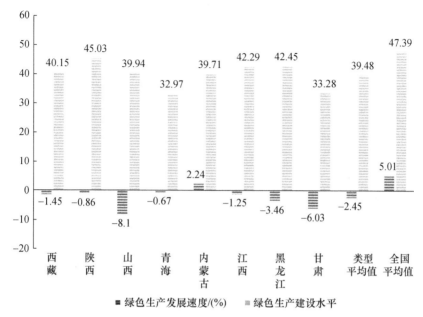

图 6-7　2016 年度后滞型地区绿色生产的基本状况

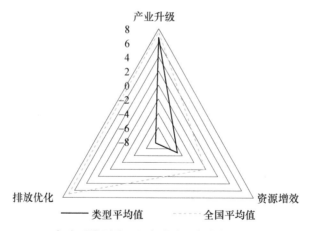

图 6-8　2016 年度后滞型地区绿色生产二级指标与全国对比雷达图

由于后滞型地区地域面积较大,资源较为丰富,在能源利用效率上也有更大的提升空间。而在水资源方面,后滞型地区大多水资源匮乏。通过技术革新、价格杠杆等多种手段调整能源结构,减少对资源的过度依赖,加强资源、能源的利用效率,缓解经济发展与生态环境改善的矛盾,是当前该地区的重点。

后滞型地区在排放优化方面可谓是乏善可陈,该类型地区排放优化的发展速度均值为－7.57％,除了内蒙古以外,该类型其余地区皆为负增长。后滞型地区在污水排放和废气排放相关指标的均值皆为负值。其中又以污水排放的恶化最为严重,工业化学需氧量排放强度和工业氨氮排放强度的增幅均值在10％左右。在工业烟(粉)尘排放量上,后滞型地区也没有较大改善,反而排放量有所增加。山西和甘肃两个相邻地区的排放形势尤为严峻,污水和废气的排放量皆出现上升。山西作为中国的煤炭大省,长期以来碳排放量一直居高不下,整合现有技术资源加快低碳经济转型,推进可再生能源和新能源技术的使用是该类地区的重中之重。

六、绿色生产建设类型分析的总结

(一) 各类型地区绿色生产发展不均衡,各有发展短板

实现产业升级、资源增效和排放优化的均衡发展对于各类型省份尤其是领跑型和追赶型省份来说非常重要。三个二级指标并不是孤立存在,而是相互联系相互影响的,是共生的。从数据来看,四个类型地区的绿色发展不均衡现象较为突出。领跑型省份产业升级方面发展速度缓慢,虽然现有的产业升级水平较高,但是该类型地区绝大多数省份依旧有很大的上升空间。追赶型地区三个二级指标发展速度均位居前列,但相较而言,资源增效方面没有做到高速发展,其发展速度明显低于其他两个二级指标,并且该类型地区整体水平的高速度依托于部分省份高速发展的拉动,追赶型地区中依然有不少省份在个别领域并没有表现出太明显的追赶势头,甚至出现负增长,可以说发展较为畸形。中间型省份内部绿色生产的发展速度并没有出现过于明显的两极分化现象,多数省份都呈现了5％左右的发展速度。从二级指标上来看,中间型地区在排放优化方面能有较好的发展势头,可在资源增效上却发展滞后,多数地区呈现负增长,与排放优化形成鲜明对比。滞后型地区产业升级的较快发展却没能带动资源增效和排放优化的发展。绿色生产要做到均衡发展,就要找到各指标间的契合点,形成良性循环。

(二) 四类地区产业升级发展效果显著,前景乐观

从数据上不难看出,四类地区产业升级效果显著,各类型地区仅在产业升级发展速度的均值皆呈现发展势头,没有出现负增长现象。而多数地区产业升级的发展依靠科技创新的进步。科技创新是产业升级的关键,同时也是推动资源增效和排放优化的重要抓手。但是各类地区科技创新的发展并没有极大地带动资源增效和排放优化的进步。结合历史经验,我们应当坚持创新驱动的发展模式,进一步激发创新活力,将产业升级带来的实惠落到实处。建设政产学研相结合的技术创新体系,提高科技成果转换率,切实将科技创新能力变为绿色生产力摆在突出位置上。

(三) 多数地区资源利用效率低下,资源增效需要格外重视

　　四类地区资源增效的低速发展甚至倒退应当引起我们的重视(表 6-7)。其原因是多方面的。首先是多数地区长期以来高能耗、高浪费的粗放式发展惯性难以短时间转变,其次是国家对高耗企业的监管力度还需加强。另外,技术水平的限制也是导致资源可循环利用率不足的重要因素。因此,各类型地区要减缓资源消费总量的增长幅度,积极调整能源消费结构,优化工艺,压缩过剩产能,减少对资源的过度依赖。

表 6-7　各类型地区资源增效基本状况

	领跑型	追赶型	中间型	滞后型	全国
资源增效均值/(%)	2.25	3.25	−0.14	−4.84	−0.12

(四) 排放优化层级性明显,是类型区分的决定性力量

　　生产通过排放直接与自然交互,排放优化的发展是绿色生产发展的重要体现。四个类型地区在排放优化发展上的表现层级分明,呈现出较强的阶梯形(图6-9)。

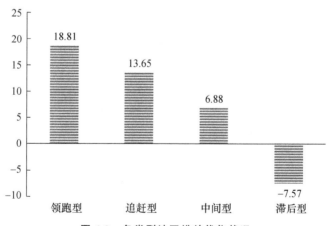

图 6-9　各类型地区排放优化状况

　　在全国大力推动减少空气污染、水污染的背景下,领跑型、追赶型和中间型省份能从整体上做到减排优化,但是滞后型地区却呈现负增长,这也是其绿色生产被其他三个类型地区甩在身后的重要因素。从三级指标上来看,控制和处理空气污染和水污染,尤其是水污染是滞后型地区的重中之重。

第七章　绿色生产发展态势和驱动分析

本章主要对全国及各省份绿色生产的发展态势和驱动因素进行分析。在发展态势方面,首先对全国整体绿色生产的三个基本领域的进步发展情况加以阐述,然后对进步明显的省份的绿色发展情况进行简要概述。在驱动分析部分,通过对一级、二级指标以及三级指标之间的相关性分析,找出对绿色生产建设有突出影响的驱动因素,从而为今后绿色生产的发展方向和工作提出建议。

一、绿色生产发展态势分析

在生态文明建设的进程中,推动生产方式的绿色化,一定程度上可以缓解中国当前经济发展与资源环境之间的矛盾,同时这也是生态文明建设的基础保障与核心要求。自党的十八大把生态文明建设放在突出地位以来,绿色生产的建设取得了诸多成就,发展过程上呈现增速进步的可喜态势。

(一) 全国发展态势:绿色生产增速发展,排放优化进步明显

2016 年度,全国的绿色生产发展呈现增速进步态势,进步变化率为 2.22%,与 GPPI 2015 相比进步显著。具体来看,三个二级指标中,排放优化的增速幅度最大,进步变化率达到 7.04%,为绿色生产总体实现增速做出了最大贡献;产业升级较排放优化来说,增速相对缓慢,进步变化率为 1.34%;只有资源增效领域出现了进步变化率为负的结果(−3.33%),呈现减速发展的态势(表 7-1)。

表 7-1　2015—2016 年全国绿色生产进步变化率　　　　　　单位:%

	产业升级	资源增效	排放优化	绿色生产
全国	1.34	−3.33	7.04	2.22

1. 产业升级增速进步,创新驱动逐步增强

随着中国经济增长速度放缓,经济发展进入了一个新的阶段,对产业结构有了新的要求。构建绿色化的产业结构在推动绿色生产的过程中显得尤为重要。

研究结果显示,2016 年度,全国产业结构优化升级实现小幅增速发展,第三产业和科技创新发展方面取得较好成绩。第三产业产值占地区生产总值比重增长率增速进步明显,达到 2.48%,较 GPPI 2015 同比提高 3 个百分点;第三产业就业

人数占地区就业总人数比重增长率的进步变化率虽为负值(－1.02%),但与上年数据相比进步了 0.17 个百分点,呈现"减速中进步"的态势(表 7-2)。第三产业产值持续提高反映出中国的产业结构正发生变化,经济工作的重点从工业主导型越来越倾向于服务业主导型的第三产业。同时,第三产业就业人数的缓慢增加从侧面暴露出中国在第三产业人才水平方面的不足,就业多集中在人们熟知的传统服务业之中,欠缺知识密集型行业的高技术人才,这也是中国第三产业今后需要努力和发展的方向。

　　科技创新方面,R&D 投入强度增长率和高技术产值占比增长率都呈现不同程度的增速发展态势(表 7-2)。在经济新常态下,实施创新驱动发展战略、加快科技创新是保持经济持续发展的必然选择。[①] 当前,中国的创新能力虽在不断提高,但是较发达国家相比仍然不强,科技对经济社会发展的支撑能力依旧不足,如何在增加 R&D 投入强度、高技术产值的同时推进科研成果的转换与发展,注重"量"与"质"的结合,是各领域科技创新需要思考解决的难题之一。

表 7-2　2015—2016 年全国产业升级进步变化率

三级指标	进步变化率/(%)
第三产业产值占地区生产总值比重增长率	2.48
第三产业就业人数占地区就业总人数比重增长率	−1.02
R&D 投入强度增长率	0.97
高技术产值占地区生产总值比重增长率	1.79

　　2. 资源增效进步速度全面回落,能源结构有待优化

　　改革开放以来,粗放型的经济发展使中国经济得到了快速增长,但却消耗了大量能源,给生态环境造成严重破坏。直至今天,即使中国在不断调整能源消费结构,但是总体来说资源利用效率仍然低下。

　　2016 年度,全国资源增效领域呈现减速进步的发展态势,是绿色生产三个领域中唯一减速发展的领域,进步变化率达−3.33%。其中,各三级指标的进步变化率都为负值,呈现不同程度的减速发展,单位工业产值水耗下降率的进步变化率为−6.20%,减速幅度最大(表 7-3)。

　　作为能源消耗大国,中国能耗、水耗的下降率出现减速发展态势,而新能源、可再生能源的消费比重增加率亦呈现减速发展。可见,即使引进和发展新能源技术,仍没有从根本上改变中国依赖煤炭资源的现象,工农业中仍以煤炭等传统能

---

　　① 紫光阁. 习近平指出科技创新的三大方向[R/OL]. (2016-06-07)[2018-10-25]. http://www.most.gov.cn/yw/201606/t20160607_126000.htm.

源作为主要的能源类型。加之工业固体废物综合利用率的提高也呈现减速发展的态势,反映出中国无论是在能源消费结构调整,还是在资源利用效率提高方面都有待进一步完善和发展。此外,在上述两方面中要继续引进科学技术,通过加快技术创新推动传统能源的转型、改进新能源的使用方法来提高资源利用的能力,更好地调整能源消费结构格局。

表7-3　2015—2016年全国资源增效进步变化率

三级指标	进步变化率/(%)
单位工业产值能耗下降率	−1.56
新能源、可再生能源消费比重增长率	−4.59
单位工业产值水耗下降率	−6.20
单位农业产值水耗下降率	−1.84
工业固体废物综合利用提高率	−3.00

3. 排放优化加速进步,工业烟(粉)尘减排卓有成效

工业污染物排放是造成环境污染的罪魁祸首,如何控制和优化其排放仍是治理环境污染问题的重中之重。2016年度,全国排放优化的工作成绩突出,进步变化率为7.04%,是整个绿色生产中呈现增速进步态势最明显的领域。其中,工业烟(粉)尘排放强度的下降速度进步最快,其进步变化率高达42.30%;工业二氧化硫排放强度下降率和工业氮氧化物排放强度下降率与GPPI 2015相比,进步速度呈现显著加快的态势(2015年度都是负增长);而工业化学需氧量和工业氨氮排放强度下降率则出现了不同程度的负增长态势(表7-4)。

研究结果表明,工业大气污染物排放强度下降率的进步速度要优于工业水污染物排放强度下降率的进步速度。“十二五”期间,各类环境事件的出现,使得大气污染到了不得不治的地步,2013年《大气污染防治行动计划》和《环境空气颗粒污染物防治技术政策》的出台,为治理大气污染提供了明确的计划和方向;此外,提出的防治工业烟(粉)尘等空气细颗粒物污染的相关措施,使得工业烟(粉)尘的治理效果突显。相比《大气污染防治行动计划》,《水污染防治行动计划》出台较晚(2015年),系统整顿水污染的工作时间尚不足,且如果加大治污力度,需要较先进的工业污水处理技术等,这些可能是导致工业水污染治理的进步速度减缓的原因。

表 7-4　2015—2016 年全国排放优化进步变化率

三级指标	进步变化率/（％）
工业化学需氧量排放强度下降率	−1.06
工业氨氮排放强度下降率	−3.78
工业二氧化硫排放强度下降率	1.22
工业氮氧化物排放强度下降率	2.82
工业烟（粉）尘排放强度下降率	42.30

（二）各省份发展态势：大多数省份增速发展，进步快慢差距缩小

2016 年度，各省份的绿色发展呈现不同程度的进步，实现增速发展的省份远多于减速发展的省份。

1. 各省份间进步速度差异缩小，排放优化仍起主导作用

2016 年度，全国三十一个省份中，有二十一个省份的绿色生产呈现出发展增速的态势，只有十个省份的发展速度放缓（图 7-1）。其中，进步变化率最高的西藏为 41.35％，远远超过增速排名第二的海南（14.84％）；进步变化率最低的为江西（−9.15％），二者相差 50.50 个百分点，与 GPPI 2015 同比数（72.48％）的两极差距缩小了约 22 个百分点（表 7-5）。

表 7-5　2015—2016 年各省份绿色生产进步变化率　　　　单位：％

排名	地区	进步变化率	排名	地区	进步变化率
1	西藏	41.35	17	贵州	1.53
2	海南	14.84	18	云南	1.47
3	宁夏	11.91	19	湖南	1.12
4	河北	8.61	20	河南	0.37
5	重庆	8.41	21	辽宁	0.11
6	上海	8.13	22	吉林	−0.10
7	天津	7.36	23	四川	−1.16
8	山东	6.81	24	内蒙古	−1.56
9	新疆	6.16	25	安徽	−1.93
10	广西	5.93	26	黑龙江	−2.43
11	江苏	5.28	27	青海	−2.76
12	广东	5.14	28	甘肃	−5.67
13	北京	4.76	29	陕西	−6.85
14	浙江	2.34	30	山西	−8.49
15	湖北	1.93	31	江西	−9.15
16	福建	1.83			

另外,研究结果发现,排放优化与绿色生产的排名密切相关,排放优化领域的排名直接影响到各省份在绿色生产的总体排名。在全国绿色生产进步变化率名列三甲的地区,排放优化的排名亦位于前列,二者名次几乎不相上下。而绿色生产进步变化率位于后三名的省份,其排放优化进步变化率亦呈现明显的负增长态势,即使在产业升级领域取得佳绩,也很难在绿色生产总体排名中拔得头筹（表 7-6）。

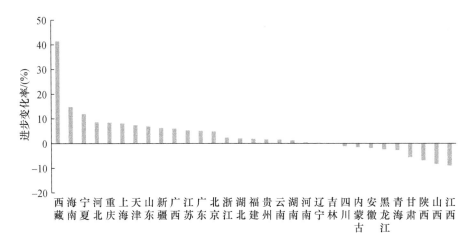

图 7-1　各省份绿色生产进步变化率

表 7-6　绿色生产进步变化率排名前三、后三的省份各二级指标进步变化率　单位:%

省份	产业升级		资源增效		排放优化		绿色生产	
	进步变化率	排名	进步变化率	排名	进步变化率	排名	进步变化率	排名
西藏	−8.66	31	4.27	4	106.66	1	41.35	1
海南	−0.11	18	14.73	1	26.12	3	14.84	2
宁夏	39.68	1	−9.97	25	7.50	17	11.91	3
陕西	4.65	5	−12.73	28	−11.06	29	−6.85	29
山西	−0.22	19	−21.81	30	−4.70	27	−8.49	30
江西	4.65	5	−6.39	17	−21.56	31	−9.15	31

2. 大多数省份排放优化增速发展（2015 年度七成省份减速）

在排放优化领域,全国二十四个省份实现增速发展。其中,西藏的进步变化率高达 106.66%,远超其他处于增速态势的省份。除西藏外,其余二十三个增速发展省份的进步变化率处于 1%～27.97% 之间,平均水平为 11.89%。呈现减速态势的仅七个省份,其中江西的减幅最高,进步变化率达到 −21.56%（图 7-2）。

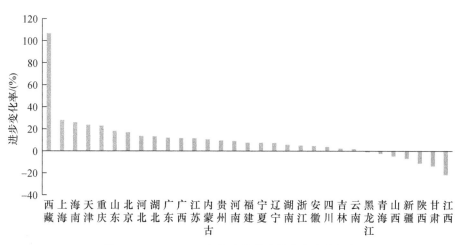

图 7-2　2015—2016 年各省份排放优化进步变化率

2016 年度,在五大工业污染物中,各省的工业烟(粉)尘排放优化进步变化率实现全部增速,排名第一的西藏进步变化率甚至达到 589.76%,超过第二名(上海,105.20%)近 5 倍;排名最后的宁夏进步变化率亦取得 9.51%的成绩。全国平均水平达 62.28%(图 7-3)。可见在 2016 年度,中国对烟粉尘的防控治理工作颇见成效。此外,各省份工业二氧化硫排放强度下降率的进步变化两极分化严重,进步速度最快的上海(18.95%)和最慢的甘肃(-22.51%)相差 41.46 个百分点,且减速高于增速(图 7-4)。工业氮氧化物排放优化方面,各省的进步发展快慢各占一半。排名前五的省份平均进步变化率为 24.93%,其他十一个增速省份以

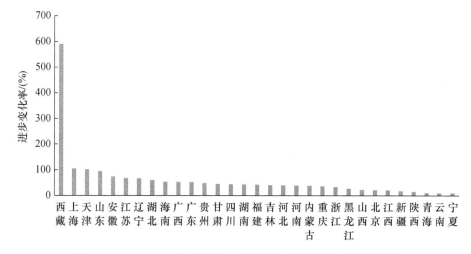

图 7-3　2015—2016 年各省份工业烟(粉)尘排放优化进步变化率

0～9％的变化率呈现不同程度的进步(图 7-5)。

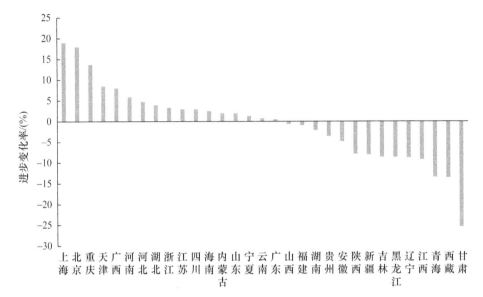

图 7-4　2016 年各省份二氧化硫排放优化进步变化率

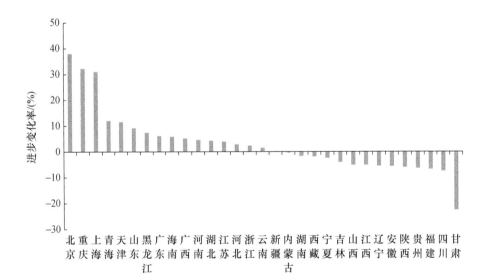

图 7-5　2016 年度各省份氮氧化物排放优化进步变化率

与工业水污染有关的两类污染物,工业化学需氧量、工业氨氮排放优化的进步速度较上年度同类数据相比有所进步,但与工业大气污染物排放优化的成效相比稍显逊色。两类污染物的减排效应仍分化严重,第一名的增速程度和最后一名的减速程度几乎相同,全国有一半省份的工业化学需氧量排放优化减速发展;有六成以上省份的工业氨氮排放强度下降率出现负值。加强工业水污染防治工作势在必行(图 7-6,7-7)。

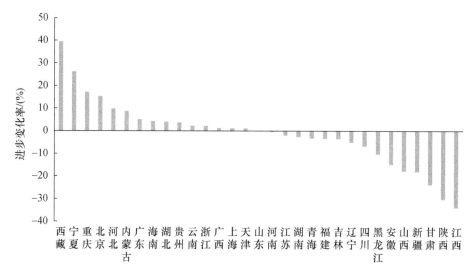

图 7-6   2015—2016 年各省份化学需氧量排放优化进步变化率

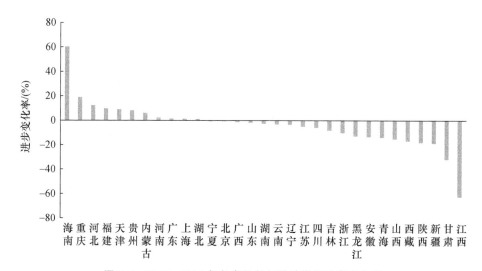

图 7-7   2015—2016 年各省份氨氮排放优化进步变化率

3. 产业升级增速发展,高技术产值占比提高

2016 年度,产业升级领域,全国超六成的省份呈现加速发展态势,宁夏和新疆的涨幅最大,分别为 39.68％和 36.73％;有十四个省份的进步变化率呈现降速发

展态势,降速最快的分别为西藏和辽宁,分别为−8.66%和−6.19%(图 7-8)。

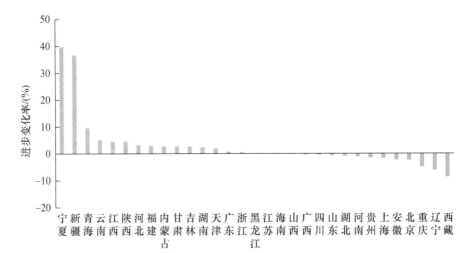

图 7-8　2015—2016 年各省份产业升级进步变化率

高技术产值占比是产业升级中进步最为快速的三级指标,其中,名列前茅的宁夏、新疆和青海都是位于中国西部的省份。西部地区受诸多因素影响,高技术产业较中、东部地区发展相对滞后,但是从 2016 年度高技术产值占比的全国省份名次来看,在绿色发展的道路上,国家重视在西部地区因地制宜发展高技术产业,极力避免走东部发展过程中过度破坏资源和环境的老路(图 7-9)。

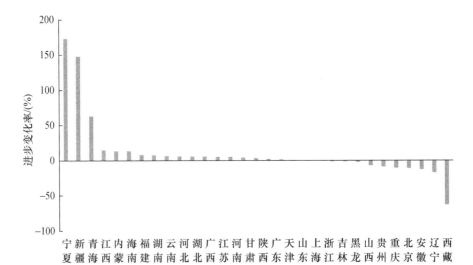

图 7-9　2015—2016 年各省份高技术产值比例进步变化率

4. 资源增效大幅回落,工业能耗起制约作用

相较产业升级来说,2016 年度各省份在资源增效领域的进步发展快慢并不可观,只有八个省份的进步变化率呈现正增长态势,二十三个省份出现不同程度的减速发展,其程度远高于增速程度,减速最快的内蒙古甚至达到 -21.96%(图 7-10)。

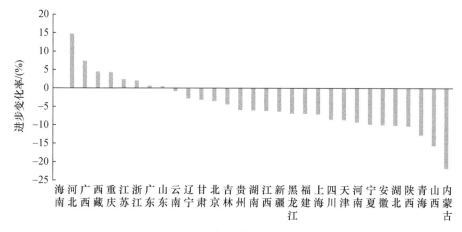

图 7-10   2015—2016 年各省份资源增效进步变化率

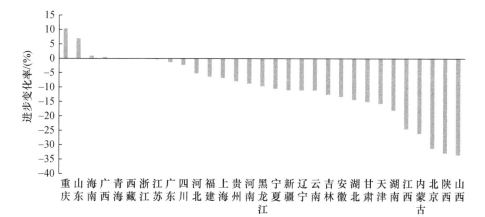

图 7-11   2015—2016 年各省份单位工业产值能耗下降率进步变化率

从具体的三级指标来看,全国七成以上省份的单位工业产值能耗下降率呈减速发展(图 7-11)。究其原因,可能是"十二五"期间出现的"经济新常态"现象,经济发展速度放缓,使得能源使用随之减少,下降率速度亦随之放缓。在提高工业固体废物综合利用率方面,全国十一个省份实现增速发展,程度参差不齐,其中进

步最快的是海南,进步变化率为 38.20%;二十个省份减速发展,有七个省份的减速超过 10%(图 7-12)。

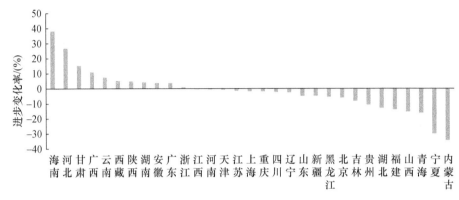

图 7-12   2015—2016 年各省份单位工业固体废物综合利用提高率进步变化率

二、绿色生产发展驱动分析

在绿色生产驱动分析中,将通过对绿色生产的二级指标、三级指标之间进行相关性分析,找到影响绿色生产发展的重要因素,以便更好地明确今后绿色生产的发展方向。

(一) 绿色生产发展指数(GPPI)与二级指标的相关性

工业污染物的排放直接影响绿色生产的发展。根据绿色生产与各二级指标的相关性可看出(表 7-7),排放优化与 GPPI 的相关系数(0.926)接近于 1,二者之间呈高度正相关;资源增效与 GPPI 的相关系数为 0.557,呈中度正相关。可见,排放优化的成绩直接主导着绿色生产的发展情况。

表 7-7   绿色生产与二级指标相关性

	产业升级	资源增效	排放优化
绿色生产	−0.034	0.553**	0.926**
产业升级	1	−0.211	−0.334
资源增效		1	0.389*
排放优化			1

当前,中国虽已出台了各类排放管控政策,但是由于传统的能源结构未完全改变,经济发展方式总体上来讲仍比较粗放,调整传统的化石能源结构仍是今后的工作重点。从质和量两方面双管齐下,不仅要控制煤炭的消费总量,还要优化

煤炭的利用方式;此外,还要推动传统产业优化升级,利用新能源和高新技术来改进和提升传统制造业,从而提高能源利用效率。只有把握好资源开发与利用的"输入"前提,才能更好地应对污染物排放的"输出"环节,由此推进绿色生产工作。

(二)绿色生产二级指标与其三级指标的相关性

1.创新驱动引领产业升级

产业升级的根本出路在于创新,创新发展又为产业升级提供了无限动力。高技术产值占地区生产总值比重增长率与产业升级的相关系数为0.975(表7-8),呈高度正相关。高技术产值的比重直接影响着产业升级的成就。

表7-8　产业升级与其三级指标的相关性

	第三产业产值占地区生产总值比重增长率	第三产业就业人数占地区就业总人数比重增长率	R&D投入强度增长率	高技术产值占地区生产总值比重增长率
产业升级	0.039	0.242	-0.086	0.975**

宁夏、新疆和青海是高技术产值增长速度最快的三个省份,其产业升级的发展速度也处于大幅增加的态势。而高技术产值占地区生产总值比重增长率出现进步减速的后三个省份中,产业升级的进步速度也在不同程度地减缓,其中,西藏是进步减速最多的地区,这对其产业升级进步变化率的排名成为倒数第一有很大影响(表7-9)。

表7-9　高技术产值占地区生产总值比重增长率前三、后三名的省份与其产业升级进步变化率

单位:%

	高技术产值占地区生产总值比重增长率	产业升级进步变化率
宁夏	172.89	39.68
新疆	147.86	36.73
青海	62.66	9.64
安徽	-12.96	-2.35
辽宁	-17.61	-6.19
西藏	-62.93	-8.66

"十二五"期间,中国大力推动大众创业,万众创新,科技进步和创新事业加快发展。"新世纪以来高技术制造增加值猛增,2001年至2014年间增长了10倍,居

世界第二,中国已成为不容置疑的世界第二研发大国。"①继续实施创新驱动发展战略是引领产业升级、实现绿色生产的重要任务。

2. 提高工业固体废物利用率,推动资源高效使用

降低能耗、提高资源利用效率是资源增效的基本要求。对资源增效贡献最大的三级指标是工业固体废物综合利用提高率,二者间的相关系数为 0.764,属较强相关(表 7-10)。

表 7-10 资源增效与其三级指标的相关性

	单位工业产值能耗下降率	单位工业产值水耗下降率	单位农业产值水耗下降率	工业固体废物综合利用提高率
资源增效	0.626**	0.615**	0.346	0.764**

2015 年,全国平均工业固体废物综合利用率达 60.78%,与国外发达国家相比水平仍然较低。当前,中国的工业固体废物处理市场还处于初级发展阶段,起步慢于污水、废气治理。另外,在实际的工业固体废弃物处理中,通常会耗费大量资金成本、人力成本和时间成本,再加上受制于技术的发展和相关政策法律法规体系的不完善,使得中国的工业固体废物处理工作进展缓慢。将工业固体废物变废为宝、循环利用,是一种既可以提高资源利用效率,又为开发资源利用的潜力提供新手段的环保措施。因而,加快推进工业固体废物的处理工作、提高对其利用率是中国今后绿色生产的重点之一。

3. 大气污染防治为排放优化工作重点

随着中国工业化道路的不断前进,各类工业污染物的排放仍是不可避免的。但是,绿色生产的任务要建立在污染物排放优化的基础之上,尽量控制污染物的排放强度才能更好地发展绿色生产。其中,工业化学需氧量排放强度下降率和工业烟(粉)尘排放强度下降率与排放优化的相关性最明显,相关系数分别为 0.778和 0.899(表 7-11)。

表 7-11 排放优化与其三级指标的相关性

	工业化学需氧量排放强度下降率	工业氨氮排放强度下降率	工业二氧化硫排放强度下降率	工业氮氧化物排放强度下降率	工业烟(粉)尘排放强度下降率
排放优化	0.778**	0.329	0.187	0.282	0.899**

---

① 中国经济网. 盘点"十二五"成就:创新驱动激发发展新动能[R/OL]. (2016-03-02)[2018-10-25]. http://www.most.gov.cn/ztzl/lhzt/lhzt2016/sewlhzt2016/201305/t20130502_124338.htm.

"十二五"期间,四个污染物总量排放指标,水污染方面——工业化学需氧量和工业氨氮排放,大气污染方面——工业二氧化硫排放和工业氮氧化物排放,都提前超额完成任务。[①] 然而,中国几乎所有的污染物排放指标在全世界排放量都是第一,尽管在节能减排、环境保护方面取得明显成效,但总体看来,高排放、高污染的传统生产模式并没有得到根本改变,在绿色生产的道路上排放优化工作可谓是一场持久战和攻坚战。

(三) GPPI 与三级指标的相关性

从 GPPI 与三级指标的相关性来看,工业烟(粉)尘排放强度下降率和工业化学需氧量排放强度下降率与 GPPI 的相关性最明显,相关系数分别为 0.807 和 0.795(表 7-12)。由此可见,防治大气污染和水污染是绿色生产发展最重要的内容。

表 7-12　绿色生产 GPPI 与三级指标的相关性

所属二级指标	三级指标	相关系数
产业升级	第三产业产值占地区生产总值比重增长率	−0.310
	第三产业就业人数占地区就业总人数比重增长率	0.389*
	R&D 投入强度增长率	0.367*
	高技术产值占地区生产总值比重增长率	−0.077
资源增效	单位工业产值能耗下降率	0.487**
	单位工业产值水耗下降率	0.532**
	单位农业产值水耗下降率	0.117
	工业固体废物综合利用提高率	0.226
排放优化	工业化学需氧量排放强度下降率	0.795**
	工业氨氮排放强度下降率	0.360*
	工业二氧化硫排放强度下降率	0.155
	工业氮氧化物排放强度下降率	0.250
	工业烟(粉)尘排放强度下降率	0.807**

三、结论

综合以上分析,2016 年度绿色生产的进步速度较上年度同类数据相比有所加快,排放优化对此贡献最大。其中,全国各省份工业烟(粉)尘的排放强度下降率取得的可喜的进步证明了中国在排放优化领域做出的努力。

在建设资源节约型、环境友好型社会的今天,环境保护被摆上了更加重要的

① 中国政府网."十二五"四个污染物总量控制指标均提前超额完成减排任务[R/OL]. (2016-02-18) [2018-10-25]. http://www.gov.cn/xinwen/2016-02/18/content_5043432.htm.

位置,如何实现排放效应的进一步优化,更好地推进绿色生产的建设工作,仍是当前需要解决的问题和难题。

第一,调整产业结构,推进绿色生产进程。中国传统的产业结构,既制约了经济的发展,又制约了资源的有效利用。在当前的经济发展阶段,要构建科技含量高、资源消耗低、环境污染少的产业结构;要继续实施创新驱动发展战略,以高新技术产业作为动力,将其注入传统的制造业和服务业中,用科技创新来引领产业结构的调整,实现绿色生产的发展。

第二,加强绿色生产制度建设。制度在绿色生产中具有重要的地位和作用。减少环境污染排放要靠制度;提高资源的利用效率也需要依靠制度。对于污染物排放,要制定最严格的污染物排放总量控制制度、生态红线制度等,最大限度地管控排放污染物过程造成的溢出效应;加快制定节能、节水、污染物排放等强制性标准,以提升环保门槛来促进绿色生产的转型。

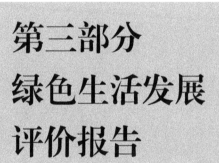

第三部分
绿色生活发展
评价报告

第八章　绿色生活发展年度评价报告

　　绿色生活建设是解决当前中国特色社会主义新时代社会主要矛盾的重要途径。经过几十年努力,中国社会的主要矛盾已经发生了变化,从人民群众日益增长的物质文化需要与落后的社会生产之间的矛盾,转化为人民日益增长的美好生活需要和不平衡不充分的发展之间的矛盾。[①] 美好生活对物质文化发展提出了更高层次的要求,同时也在社会公平正义、生态环境方面发出了强有力的呼声。绿色生活建设以生活方式转变为切入点,在提升生活水平和质量的同时,促进生活方式的环境友好化。课题组以绿色生活建设发展评价指标体系(Green Living Progress Index,GLPI 2016)为工具,对 2014 至 2015 年间全国及三十一个省份的绿色生活建设发展状况展开评价。

　　在当前发展阶段中,绿色生活建设面临的挑战是,如何在消费结构不断优化升级的同时,实现生活污染物排放对环境负面影响的降低。课题组从消费升级和排放强度两个维度对全国及省域的绿色生活建设发展状况进行了考察,分析建设最新进展、建设发展类型、发展态势和驱动因素,以把握绿色生活建设发展现状,为进一步的发展找准方向。

一、绿色生活发展评价结果

(一) 全国绿色生活发展建设有所退步,发展速度减缓

　　2014—2015 年,全国绿色生活整体发展略有倒退,绿色生活发展速度为 -2.41%。二级指标消费升级、排放优化的发展速度分别为 5.16% 和 -9.98% (图 8-1,表 8-1),排放优化发展退步明显,消费升级发展呈进步态势。

　　"十二五"期间,全国绿色生活年度发展速度呈波浪式,起伏中速度有所放慢(表 8-1,图 8-2)。2011—2012 年以及 2012—2013 年间,绿色生活整体建设都呈进步态势,2013—2014 年以及 2014—2015 年则出现退步。绿色生活在 2012—2013 年中的发展速度是五年中的峰值,整体建设发展速度为 4.9%,2013—2014 年为绿

　　① 习近平.决胜全面建成小康社会　夺取新时代中国特色社会主义伟大胜利——在中国共产党第十九次全国代表大会上的报告[M].北京:人民出版社,2017.

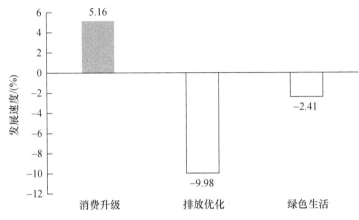

图 8-1　2014—2015 年全国绿色生活发展速度

色生活发展的低谷期,发展速度为－4.29%。而消费升级和排放优化分别在
2011—2012 年、2012—2013 年中发展到最好水平,发展速度为 8.04% 和 5.13%,
消费升级和排放优化的瓶颈期分别出现在 2012—2013 年、2013—2014 年,发展速
度为 4.68% 和－14.67%(图 8-2)。

表 8-1　"十二五"期间全国绿色生活发展速度　　　　　　　　　　单位:%

时间	消费升级	排放优化	绿色生活
2011　2012	8.04	－1.81	3.11
2012—2013	4.68	5.13	4.90
2013—2014	6.10	－14.67	－4.29
2014—2015	5.16	－9.98	－2.41

　　生活污染物减排已经成为绿色生活建设的重要抓手。纵观"十二五"期间绿
色生活建设的发展,可以看到生活污染物排放强度控制成效与绿色生活建设进步
直接挂钩。绿色生活发展的速度与排放优化建设发展的速度变化趋势一致。

　　综合绿色生活一级指标,消费升级、排放优化二级指标的发展速度来看,"十
二五"期间 2012—2013 年绿色生活建设发展状况较好,各主要建设领域和整体都
呈现进步态势。2013—2014 年绿色生活建设发展没有继续进步,主要受到生活污
染物排放强度大幅上升的影响,排放优化得分为－14.67%,是过去五年该指标体
系中的最低值。2014—2015 年,绿色生活建设虽不如开局的高态势,但退步局势
减轻,发展情况有所好转。

　　1. 全国消费升级提升速度减缓,步伐仍稳健

　　2014—2015 年间,消费升级的发展态势有所放缓,但仍继续保持进步态势。

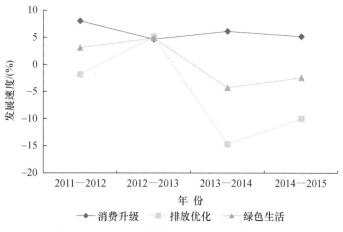

图 8-2 "十二五"期间全国绿色生活发展速度

中国过去的五年中经济建设取得了重大成就,全面深化改革也取得了重大突破。到 2015 年,人均可支配收入达 21 966.19 元,其中消费支出达 15 712.4 元。2015 年人均可支配收入实际增长率达到 7.40%,人均消费水平实际增长率也达到了 6.90%(表 8-2)。虽然增长率在"十二五"期间略有下滑,但一直保持在较高水平(图 8-3)。为消费升级打下坚实基础。

表 8-2 2014—2015 年消费升级三级指标发展速度

三级指标	人均可支配收入增长率	人均消费水平增长率	人均卫生总费用增长率	人均公共教育经费增长率	人均生活垃圾清运量降低率
发展速度/(%)	7.40	6.90	15.46	—	−4.12

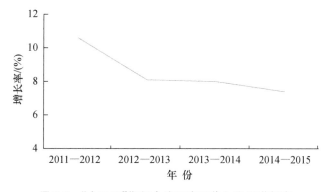

图 8-3 "十二五"期间人均可支配收入实际增长率

　　随着中国社会主要矛盾的变化,人民的消费需求正逐步从量上转移到质上,居民的消费不再局限在单一的温饱领域,消费需求更为多元。文化、卫生消费支出的不断增加,是消费升级的重要标志。2014 年人均公共教育经费已经达到1650.51 元,①2015 年人均卫生总费用达 2980.8 元,2014—2015 年全国人均卫生总费用增长率高达 15.46%,有力地拉动了消费升级,并创造五年新高(图 8-4)。

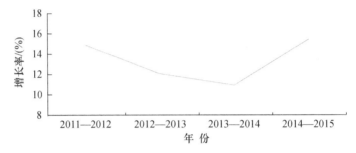

图 8-4 "十二五"期间全国人均卫生总费用增长率

　　绿色消费行为是生活方式绿色化的关键。在消费升级过程中,应尽可能地唤醒居民绿色消费的意识,构建绿色消费理念,倡导绿色消费行为。例如,在生活物资的消耗方面,实现垃圾分类、减量、循环利用,减少一次性产品的使用;在消费结构上,扩大过程性和服务性产品的消费等。但在生活物质水平不断提升的过程中,中国人均垃圾清运量呈现不断上升趋势,需要加强垃圾分类的引导、服务和管理(图 8-5)。

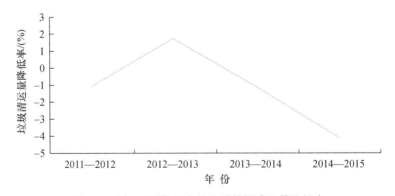

图 8-5 "十二五"期间人均生活垃圾清运量降低率

①　2015 年全国层面数据暂缺,故无法计算 2014—2015 年度发展速度。

2. 全国生活水体污染物排放控制领域现成效,大气领域任务艰巨

2014—2015 年全国生活污染物排放优化进展有令人欣慰的一方面,也有堪忧的一方面。其中,生活水体主要污染物控制初见成效,生活大气主要污染不断增加的严峻问题仍没有得到有效的解决。数据显示,水体污染物中人均化学需氧量生活排放强度下降率为 4.81%,人均氨氮生活排放强度下降率为 5.72%。主要大气污染物中,二氧化硫、氮氧化物和烟(粉)尘的人均生活排放量均显著上升,下降率分别达到−23.32%、−40.42% 和−6.83%(表 8-3)。

表 8-3　2014—2015 年排放优化三级指标发展速度

三级指标	人均化学需氧量生活排放强度下降率	人均氨氮生活排放强度下降率	人均二氧化硫生活排放强度下降率	人均氮氧化物生活排放强度下降率	人均烟(粉)尘生活排放强度下降率
发展速度/(%)	4.81	5.72	−23.32	−40.42	−6.83

在过去的几年中,两类人均生活水体污染物排放强度下降率总体上保持平稳的水平,年均下降率保持在 4.6% 以上(图 8-6)。2014—2015 年,人均化学需氧量生活排放强度下降率为 4.81%,人均氨氮生活排放强度下降率为 5.72%。利用科技的进步,继续有效地削减生活水体污染物,处理好城镇居民的生活污水,是防治水污染的重要部分。下一步建设工作是尽量铺开生活污水处理在乡镇、农村的应用,优化生活污水处理工艺,使生活污水处理更及时有效,走好防治水污染的第一步。

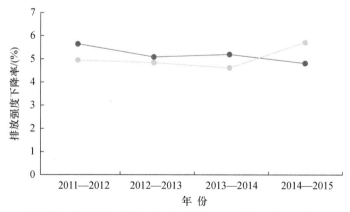

图 8-6　"十二五"期间人均生活水体污染物排放强度下降率

生活污染物治理的另一方面是大气污染物人均生活排放强度攀升的现实问

题。"十二五"期间人均二氧化硫生活排放强度下降率和人均氮氧化物生活排放强度下降率一直呈后退的趋势,2014—2015 年两者皆触底,尚未迎来拐点(图 8-7,8-8)。2014—2015 年人均烟(粉)尘生活排放强度下降率为−6.83%,相较上一年度−78.87% 的巨幅退步,只是退步幅度下降,但强度仍在上升,需要格外重视(图8-9)。

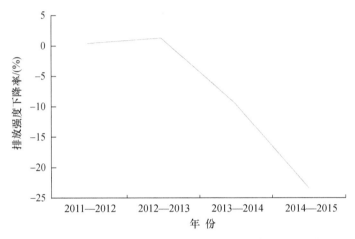

图 8-7　"十二五"期间人均二氧化硫生活排放强度下降率

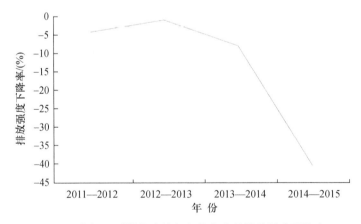

图 8-8　"十二五"期间人均氮氧化物生活排放强度下降率

(二) 各省份绿色生活发展指数(GLPI 2016)

课题组基于国家相关部门 2014—2015 年可获得的最新相关数据,使用进一步完善的绿色生活建设发展评价指标体系和绿色生活建设水平评价指标体系(Green Living Index,GLI 2016),采用相应的算法,计算出各省份绿色生活发展

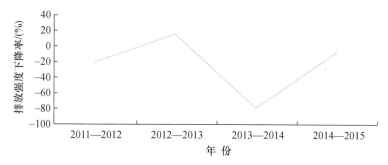

图 8-9　"十二五"期间人均烟(粉)尘生活排放强度下降率

指数(GLPI 2016)和绿色生活指数(GLI 2016),并根据得分将三十一个省份划分为四个等级(表 8-4,8-5)。

表 8-4　各省份绿色生活发展指数(GLPI 2016)　　　　　　单位:分

排名	地区	GLPI 2016	消费升级	排放优化	指数等级
1	西藏	60.24	66.8	53.68	1
2	江西	57.17	55.71	58.62	1
3	甘肃	55.82	59.6	52.04	1
4	贵州	55.42	63.66	47.18	1
5	海南	55.22	48.16	62.27	1
6	陕西	54.68	49.64	59.72	1
7	湖北	52.52	52.87	52.17	2
8	安徽	52.2	51.62	52.79	2
9	广西	52.15	49.25	55.06	2
10	云南	52.1	56.91	47.29	2
11	广东	51.77	48.9	54.65	2
12	山西	51.29	49.71	52.88	2
13	北京	50.93	46.78	55.08	2
14	浙江	50.36	46.26	54.46	2
15	新疆	49.75	55.2	44.31	2
16	福建	49.52	48.96	50.07	3
17	上海	49.46	42.09	56.82	3
18	四川	48.92	53.57	44.26	3
19	江苏	48.87	46.39	51.34	3
20	重庆	48.7	50.54	46.87	3
21	内蒙古	48.21	45.01	51.42	3

（续表）

排名	地区	GLPI 2016	消费升级	排放优化	指数等级
22	湖南	48.16	48.27	48.04	3
23	黑龙江	47.43	43.38	51.49	3
24	天津	46.88	40.87	52.88	3
25	青海	46.44	47.61	45.28	3
26	河南	46.06	45.72	46.41	3
27	吉林	45.33	43.31	47.35	3
28	河北	43.63	53.83	33.43	4
29	辽宁	42.91	41.57	44.25	4
30	山东	41.38	44.64	38.13	4
31	宁夏	38.88	50.32	27.44	4

表 8-5　各省份绿色生活指数(GLI 2016)　　　　　　单位：分

排名	地区	GLI 2016	消费结构	排放强度	指数等级
1	天津	57.79	27.7	30.09	1
2	上海	57.48	29.33	28.15	1
3	北京	56.92	29.74	27.18	1
4	江苏	55.4	26.28	29.12	1
5	浙江	53.9	26.07	27.82	1
6	广东	49.14	22.61	26.53	2
7	福建	48.46	23.22	25.24	2
8	山东	44.92	20.98	23.94	2
9	内蒙古	44.62	24.24	20.38	2
10	河北	44.23	19.96	24.26	2
11	江西	43.29	19.35	23.94	2
12	辽宁	42.6	23.83	18.76	2
13	广西	41.53	16.3	25.24	3
14	重庆	41.42	18.13	23.29	3
15	湖北	41.39	18.74	22.65	3
16	安徽	40.93	17.31	23.62	3
17	湖南	39.97	18.94	21.03	3
18	河南	39.96	17.31	22.65	3
19	海南	39.63	15.69	23.94	3
20	陕西	39.33	18.94	20.38	3

（续表）

排名	地区	GLI 2016	消费结构	排放强度	指数等级
21	山西	39.17	19.76	19.41	3
22	云南	38.87	17.52	21.35	3
23	四川	38.42	16.09	22.32	3
24	吉林	37.07	20.57	16.5	3
25	黑龙江	35.7	20.17	15.53	3
26	宁夏	35.49	19.96	15.53	3
27	贵州	33.68	15.89	17.79	4
28	新疆	33.66	18.13	15.53	4
29	甘肃	33.48	15.69	17.79	4
30	青海	32.82	19.56	13.26	4
31	西藏	28.97	13.44	15.53	4

　　根据绿色生活发展指数划分的四个等级,处于第一等级的有以下六个省份:西藏、江西、甘肃、贵州、海南、陕西;处于第二等级的有以下九个省份:湖北、安徽、广西、云南、广东、山西、北京、浙江、新疆;处于第三等级的有以下十二个省份:福建、上海、四川、江苏、重庆、内蒙古、湖南、黑龙江、天津、青海、河南、吉林;处于第四等级的有以下四个省份:河北、辽宁、山东、宁夏。

　　根据绿色生活指数(GLI 2016)的得分,也可以将三十一个省份分为四个等级。处于第一等级的有:天津、上海、北京、江苏、浙江;处于第二等级的有:广东、福建、山东、内蒙古、河北、江西、辽宁;处于第三等级的有:广西、重庆、湖北、安徽、湖南、河南、海南、陕西、山西、云南、四川、吉林、黑龙江、宁夏;处于第四等级的有:贵州、新疆、甘肃、青海、西藏。

　　1. 各省份绿色生活发展指数(GLPI 2016)评价结果分析

　　各省份绿色生活发展速度不一。全国绿色生活发展指数均值为 49.75,有十五个省份得分高于全国平均水平。得分较高的省份大部分是绿色生活指数较低的省份,而发展速度较缓的省市并非绿色生活指数低的省份,总体可以看出绿色生活在各个省份都有进一步的发展。但各省份之间发展速度两极分化较为明显,发展速度最快的省份和排名最后的省份速度差距达到 37% 以上(图 8-10,8-11)。

　　各地区绿色生活发展起点不一。绿色生活发展指数和绿色生活指数等级划分省级排名并不相同,三十一个省份中仅有十二个省份绿色生活指数在全国均值以上,说明各省份绿色生活发展势头不错,但整体基础水平还不高,真正达到绿色生活均值以上的并非都是绿色生活发展速度较快的省份。

　　各区域绿色生活发展进程不一。从各省份等级划分可以看出,发展指数较高

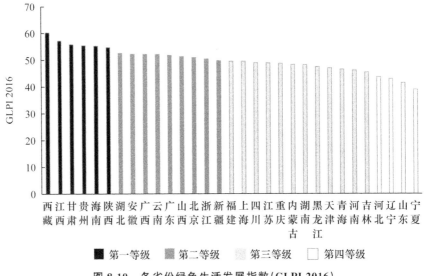

图 8-10　各省份绿色生活发展指数（GLPI 2016）

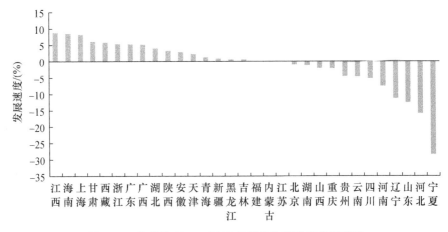

图 8-11　各省份 2014—2015 年绿色生活建设发展速度

的省份集中在西部、中部以及东南沿海地区。发展指数得分速度相对较靠后的省份集中在东北及华北地区,除北京发展速度较快,其他该地区省份都处于缓慢发展进程中。基础较好的省份也并非都保持低速发展,北京相对于上海、天津等直辖市发展指数得分依然靠前。

2. 各省份消费升级发展状况

表 8-6　2016 年各省份消费升级指数

省份	消费升级得分	排名	等级
西藏	66.80	1	1
贵州	63.66	2	1
甘肃	59.60	3	1
云南	56.91	4	1
江西	55.71	5	2
新疆	55.20	6	2
河北	53.83	7	2
四川	53.57	8	2
湖北	52.87	9	2
安徽	51.62	10	2
重庆	50.54	11	2
宁夏	50.32	12	2
山西	49.71	13	3
陕西	49.64	14	3
广西	49.25	15	3
福建	48.96	16	3
广东	48.90	17	3
湖南	48.27	18	3
海南	48.16	19	3
青海	47.61	20	3
北京	46.78	21	3
江苏	46.39	22	3
浙江	46.26	23	3
河南	45.72	24	3
内蒙古	45.01	25	3
山东	44.64	26	3
黑龙江	43.38	27	4
吉林	43.31	28	4
上海	42.09	29	4
辽宁	41.57	30	4
天津	40.87	31	4

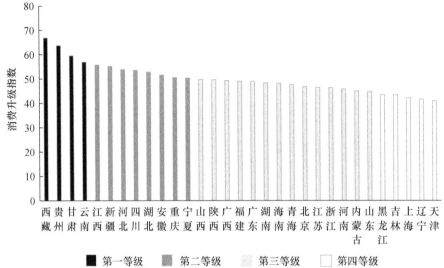

图 8-12　2016 年各省份消费升级指数排名

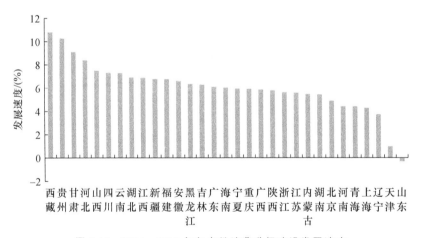

图 8-13　2014—2015 年各省份消费升级建设发展速度

　　各省份消费升级指数分为四个等级。其中处于第一等级的有:西藏、贵州、甘肃、云南;处于第二等级的有:江西、新疆、河北、四川、湖北、安徽、重庆、宁夏;处于第三等级的有:山西、陕西、广西、福建、广东、湖南、海南、青海、北京、江苏、浙江、河南、内蒙古、山东;处于第四等级的有:黑龙江、吉林、上海、辽宁、天津(图 8-12)。

　　消费升级的发展参差不齐,过半省份发展指数不及平均水平。各省份消费升级指数平均值为 49.91,其中第一等级和第二等级共十二个省份在平均值以上,第三等级城市共十四个,剩余五个省份处于第四等级行列,除东北三省外,还有上海和天津。

绝大部分省份的消费升级都呈现进步趋势,三十个省份的发展速度呈现正值(图 8-13)。只有山东的消费升级建设发展略有微小退步(-0.31%),主因在于人均生活垃圾清运量的快速上升。这是城镇化建设过程中垃圾清运能力、范围快速扩展容易产生的结果,是绿色消费升级的必经过程。

从消费升级指数等级的地域分布来看,西部地区发展势头迅猛,第一等级省份都是西部省份,而东北地区和天津、上海的发展速度则相对较慢,处于第四等级。西部省份建设的快速进展,体现在人均可支配收入增长率、人均消费水平增长率和人均公共教育经费增长率这些方面的优异成绩上。第一等级的四个西部省份的人均可支配收入增长率、人均消费水平增长率在 2014—2015 年期间均超过 10%;除云南外,人均公共教育经费增长均超过 20%。

3. 各省份排放优化发展状况

表 8-7　2016 年各省份排放优化指数

省份	排放优化得分	排名	等级
海南	62.27	1	1
陕西	59.72	2	1
江西	58.62	3	1
上海	56.82	4	1
北京	55.08	5	2
广西	55.06	6	2
广东	54.65	7	2
浙江	54.46	8	2
西藏	53.68	9	2
天津	52.88	10	2
山西	52.88	10	2
安徽	52.79	12	2
湖北	52.17	13	2
甘肃	52.04	14	2
黑龙江	51.49	15	2
内蒙古	51.42	16	2
江苏	51.34	17	2
福建	50.07	18	2
湖南	48.04	19	3

(续表)

省份	排放优化得分	排名	等级
吉林	47.35	20	3
云南	47.29	21	3
贵州	47.18	22	3
重庆	46.87	23	3
河南	46.41	24	3
青海	45.28	25	3
新疆	44.31	26	3
四川	44.26	27	3
辽宁	44.25	28	3
山东	38.13	29	4
河北	33.43	30	4
宁夏	27.44	31	4

　　各省排放优化指数可划分为四个等级。排放优化指数处于第一等级的省份有:海南、陕西、江西、上海。处于第二等级的有:北京,广西,广东,浙江,西藏,天津,山西,安徽,湖北,甘肃,黑龙江,内蒙古,江苏,福建。第三等级的有以下十个省份:湖南,吉林,云南,贵州,重庆,河南,青海,新疆,四川,辽宁。第四等级的省份有山东、河北以及宁夏(表 8-7,图 8-14)。

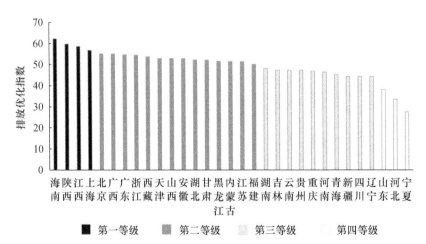

图 8-14　2016 年度各省份排放优化指数排名

　　排放优化建设进展差距较大。排放优化指数的平均数值为 49.60,其中十八个省份高于平均数值,这些省份都是处于第一、第二等级,其余省份则低于排放优化指数平均值。少数进展状况欠佳的省份拉低了整体进展水平。从发展速度上看,排名第一的省份和排名最后的省份差距达到 74.71%;并且只有十一个省份发展速度为正(图 8-15)。

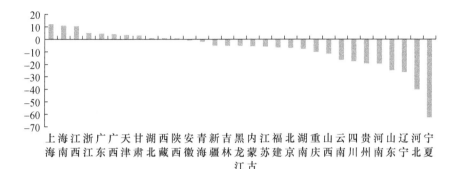

上海 江海 浙南 广西 广东 天津 甘肃 湖北 西藏 陕西 安徽 青海 新疆 吉林 黑龙江 内蒙古 江苏 福建 北京 湖南 重庆 山西 云南 四川 贵州 河南 山东 辽宁 河北 宁夏

图 8-15　2016 年 31 个省份排放优化建设速度

生活领域的污染物排放优化进展与经济发展水平有密切关联。从排放优化指数来看,经济发展较快的省份相对会更加关注污染物的排放与治理,如北京、上海等城市;东南沿海以及旅游型省份排放优化指数较高,如浙江以及海南等;东北以及一些西部地区排放优化指数较低,如宁夏等。

二、绿色生活发展类型分析

为更好地把握各省份绿色生活建设发展的特点,课题组以各省份绿色生活指数得分(GLI 2016)和生活发展速度两个维度,对各省份的建设发展类型进行了划分,区分出领跑型、追赶型、前滞型、后滞型和中间型省份(表 8-8)。领跑型省份分别为天津、上海、浙江、广东四个省份;追赶型省份有海南、陕西、新疆、甘肃、青海和西藏六个省份;前滞型省份包括山东和河北;后滞型省份包含河南、云南、四川、宁夏和贵州五个省份;中间型省份共十四个,有北京、江苏、福建、内蒙古、江西、辽宁、广西、重庆、湖北、安徽、湖南、山西、吉林和黑龙江。

表 8-8　2016 年各省份绿色生活建设水平、发展速度得分、等级和类型

类型	省市	GLI 2016	绿色生活发展速度
领跑型	天津	57.79	2.23
	上海	57.48	8.19
	浙江	53.90	5.35
	广东	49.14	5.29
追赶型	海南	39.63	8.50
	陕西	39.33	3.26

（续表）

类型	省市	GLI 2016	绿色生活发展速度
追赶型	新疆	33.66	0.85
	甘肃	33.48	6.05
	青海	32.82	1.23
	西藏	28.97	5.84
前滞型	山东	44.92	−12.56
	河北	44.23	−15.90
后滞型	河南	39.96	−7.52
	云南	38.87	−4.61
	四川	38.42	−5.16
	宁夏	35.49	−28.33
	贵州	33.68	−4.55
中间型	北京	56.92	−1.01
	江苏	55.40	−0.08
	福建	48.46	0.09
	内蒙古	44.62	0.00
	江西	43.29	8.77
	辽宁	42.60	−11.27
	广西	41.53	5.10
	重庆	41.42	−2.11
	湖北	41.39	4.00
	安徽	40.93	2.83
	湖南	39.97	−1.16
	山西	39.17	−2.05
	吉林	37.07	0.56
	黑龙江	35.70	0.57

　　五种类型省份各有特点和努力方向。领跑型省份排放优化效果较好,在绿色生活建设水平较高的基础上,进一步完善消费升级结构;追赶型省份绿色生活发展速度较快,绿色发展建设水平基础提升是未来发展的方向;前滞型省份排放优化压力明显,需要从中寻找绿色生活发展的突破口;后滞型省份则面临着经济增长和绿色生活发展的双层压力;中间型省份水平和发展建设较平衡,该类型省份平均发展速度较缓慢,绿色生活发展动力的激发需要提升公众消费意愿,促进垃圾分类利用率、降低大气污染物排放等方面的共同努力。

三、绿色生活发展态势与驱动因素分析

　　绿色生活建设是生态文明建设的基础环节,关乎发展成果的共享、创新、协调

与开放。在经济建设稳步推进的背景下,2013—2015 年全国绿色生活建设整体呈现速度提升的发展态势,进步变化率达到 1.88％。但以 2011—2015 为时间轴来看,受到生活污染物排放强度变化幅度的影响,绿色生活建设尚未能实现持续加速发展态势,2011—2013 年间进步变化率为 1.79％,略有加速;而 2012—2014 年间进步变化率呈现负值(-9.19％),发展减速明显(图 8-16)。

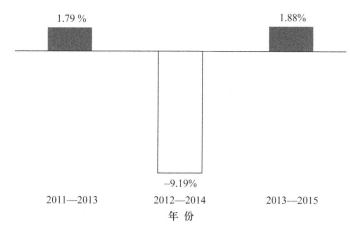

图 8-16　全国"十二五"期间绿色生活进步变化率

　　与全国发展态势呼应,各省份建设速度的提升主要依靠排放优化领域的加速来实现。超过一半的省份在排放优化领域建设过程中速度有所加快,青海、陕西、山西等九省该建设领域的进步变化率达到 10％以上。消费升级领域加速前进的省份相对较少,有山西、吉林、陕西等十个省份,其 2014—2015 年发展速度快于2013—2014 年,最高进步变化率达到 4.29％。

　　结合相关性分析来看,生活污染物排放控制已经成为现阶段绿色生活建设推进的关键领域。排放优化领域的进步变化率与绿色生活建设的整体进步变化率相关性达到 0.986。这表明在生活污染物排放控制领域取得的积极进展都会展现在绿色生活建设的成效中。同时也意味着,当生活污染物控制领域工作推进势头放缓,绿色生活建设的步伐就会减缓。在五类主要生活污染物中,人均烟(粉)尘排放强度下降率、人均氮氧化物排放强度下降率的变化与绿色生活的进步有显著相关,相关系数分别为 0.706 和 0.422。

　　在消费升级领域,建设的关键影响要素是对教育的投入以及城市生活垃圾的管理和处置。人均公共教育经费提高率的变化与消费升级进步变化率相关性达到 0.506,人均生活垃圾清运量降低率与消费升级进步变化率相关性为 0.808。现阶段,中国居民收入水平和消费水平保持增长态势,但增长速度有所放缓。在此背景下,通过增加教育投入等途径,能够有效地提升绿色消费意识,普及绿色生活

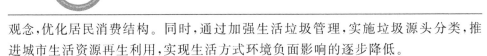
观念,优化居民消费结构。同时,通过加强生活垃圾管理,实施垃圾源头分类,推进城市生活资源再生利用,实现生活方式环境负面影响的逐步降低。

生活污染物排放强度下降的加速推进,工作重点在于大气污染物控制,又以氮氧化物和烟(粉)尘排放的控制为首要任务。人均氮氧化物生活排放强度的下降、人均烟(粉)尘生活排放强度的下降与排放优化领域的进步变化相关系数分别为 0.685 和 0.450。同时,相关性分析可见,人均氮氧化物排放强度下降率的推进,与人均二氧化硫排放强度下降率有显著正相关,相关系数为 0.647。

四、绿色生活发展评价思路与指标体系

迈向中国特色社会主义新时代的进程中,人民群众对美好生活的向往始终是发展的目标和驱动力。绿色生活是构成美好生活不可或缺的内容,同时也是将美好生活可持续化的现实途径和手段。绿色生活有广义和狭义之分。从广义上看,绿色生活是指在各类生活活动中,实现资源占用效率最大化,环境负面影响最小化,促进人与自然生态系统和谐的、健康优质生活方式之总和。从狭义上看,绿色生活是指在人们的日常生活活动,即衣食住行等活动中,实现上述生态效益的生活方式。不论是广义的还是狭义的绿色生活内涵,都强调绿色生活首先是以人为本的,以小康之上的富足、健康、高质生活为基础,为人的自由全面发展提供基本条件。其次,绿色生活同时也是人与自然和谐的生活方式,通过善用资源,善待环境,保护生态,实现人与自然的可持续发展。

(一) 中国绿色生活建设发展面临的挑战

现阶段中国绿色生活建设主要面临两方面的直接挑战。一方面的现实问题在于,绿色生活的物质基础发展尚不充分,且非常不均衡。美好生活不在于吃饱、穿暖等基本需求的满足,而是从生存需要的满足,走向发展、提升等更高层次需要的满足。但就中国各省份的经济社会发展水平来看,许多地区与能给绿色生活提供较好的物质基础的要求仍有距离,人民群众收入水平的提升仍会是这些地区绿色发展的重点主题。

另一方面,随着社会发展水平的提高,居民生活水平的不断提升,生活方式变化带来的资源、环境压力不断增大。繁荣的消费市场为广大居民提供了日益丰富的商品,也不断将日常生活用品生产、消费的足迹遍布全球。居民住房面积不断改善,家用电器增多,水、电等资源、能源使用频率提高、总量提升。居民出行范围极大扩展,出行方式多样化,对出行舒适度的要求也不断提升,家用汽车保有量不断上扬。上述衣食住行用等需求的满足,如果仍然基于传统的现代生活方式,就难以避免不断增加的负面环境影响。

要应对上述挑战,应该从优化消费结构和降低污染物排放两头入手。也即,

从输入和输出两端进行引导和管理,推进生活方式的绿色化。就消费结构优化升级来说,应该通过收入水平和消费水平上的不断进步来推进绿色生活建设,使得绿色生活的消费水平达到小康生活水平之上。在支出结构中,物质性生活资料的消费支出比重应较低,而精神文化类、服务类产品等发展性需求的支出比重占据比例应得到提升。就排放优化而言,应通过调整生活资源利用方式、能源消费结构,增加清洁能源或可再生能源在生活能源消费中所占的比重,减少化石能源消费,降低大气污染物生活源排放量与人均排放强度。同时增强生活污染物处理能力,兴建相关基础设施,如污水处理厂、垃圾填埋场、垃圾焚烧厂等,提高生活污水处理能力、生活垃圾资源化利用能力等,实现废物、废气、废水等生活污染物环境负面影响的降低。

概言之,绿色生活建设的核心领域是消费和排放。要促进绿色生活的良性发展就要不断优化升级消费结构,不断降低污染物排放总量与强度。资源消耗的高效合理是通过排放强度直接呈现的,也是消费结构决定的。资源的使用效率是内化输入式的绿色生活方式,而排放优化是外化输出式的绿色生活方式体现。

(二)绿色生活发展评价的指标体系与分析方法

基于上述评价思路,在 GLPI 2015 的基础上,课题组优化了绿色生活发展指数评价指标体系 GLPI 2016(表 8-9)。GLPI 2016 以消费升级、排放优化为二级指标,下设十一个具体的测量指标。同时,也调整了绿色生活指数 GLI 2016(表8-10),使之与 GLPI 2016 相一致。

表 8-9　绿色生活发展指数评价指标体系(GLPI 2016)

一级指标	二级指标	三级指标	指标性质	三级指标权重分	三级指标权重值/(%)
绿色生活发展指数(GLPI)	消费升级(50%)	人均可支配收入增长率	正指标	5	11.90
		人均消费水平增长率	正指标	6	14.29
		人均卫生总费用增长率	正指标	3	7.14
		人均公共教育经费增长率	正指标	3	7.14
		人均生活垃圾清运量降低率	正指标	4	9.52
	排放优化(50%)	人均化学需氧量生活排放强度下降率	正指标	4	11.76
		人均氨氮生活排放强度下降率	正指标	4	11.76
		人均二氧化硫生活排放强度下降率	正指标	3	8.82
		人均氮氧化物生活排放强度下降率	正指标	3	8.82
		人均烟(粉)尘生活排放强度下降率	正指标	3	8.82

表 8-10　绿色生活指数评价指标体系(GLI 2016)

一级指标	二级指标	三级指标	指标性质	三级指标权重分	三级指标权重值/(%)
绿色生活指数(GLI)	消费结构(50%)	人均可支配收入	正指标	5	9.26
		恩格尔系数	逆指标	6	11.11
		人均消费水平	正指标	6	11.11
		人均卫生总费用	正指标	3	5.56
		人均公共教育经费	正指标	3	5.56
		人均生活垃圾清运量	逆指标	4	7.41
	排放效应(50%)	人均化学需氧量生活排放强度	逆指标	4	11.76
		人均氨氮生活排放强度	逆指标	4	11.76
		人均二氧化硫生活排放强度	逆指标	3	8.82
		人均氮氧化物生活排放强度	逆指标	3	8.82
		人均烟(粉)尘生活排放强度	逆指标	3	8.82

1. 指标体系

在 GLPI 2015 的基础上,课题组对 GLPI 2016 进行了调整,2016 年绿色生活发展指标体系有了较大改变,主要在于取消了指标体系中资源增效这一项二级指标。

(1) 消费升级二级指标。

消费升级主要考察居民的收入、消费水平,以及消费构成和生活消费方式。从人均可支配收入增长率、人均消费水平增长率、人均卫生总费用增长率、人均公共教育经费增长率、人均生活垃圾清运量降低率这五个三级指标来考察全国及各省消费升级的发展状况。

人均可支配收入增长率展示居民的收入水平提高的速度。在同等生活成本下,居民收入越多就越有消费能力,越有选择绿色生活的可能性。人均消费水平增长率反映的是居民的消费水平提升幅度。消费水平越高越有利于降低居民的恩格尔系数,减少温饱消费在整体消费中的比例,越有利于降低面子消费在整体消费中的比例,越有利于居民选择绿色生活方式。人均公共教育经费增长率反映的是政府对公共教育投入程度是否有提高。人均公共教育经费越多,表示教育资源的基础越雄厚,越有利于公民教育程度的提高,有利于绿色生活理念的推广和普及。

人均生活垃圾清运量降低率反映的是居民的生活垃圾产生量多少的变化。生活垃圾清运量受到生活垃圾产生量、垃圾回收率和清运率等因素的影响。由于受到数据来源的限制,暂时使用人均生活垃圾清运量降低率来反映垃圾产生量。

在基本摆脱温饱问题的情况下,越多的垃圾产生量代表了生活中物质消费越多,以及垃圾分类等处置举措尚未及时跟进的状况。绿色生活应尽量减少多余的物质消费,加强精神消费;同时加强生活垃圾分类处置,推进循环利用、回收减量。

(2)排放优化二级指标。

排放优化主要通过水和空气两个方面来衡量居民生活主要污染物的排放情况的变化。水体生活污染物控制情况,通过人均化学需氧量生活排放强度下降率、人均氨氮生活排放强度下降率来衡量。空气污染物排放控制情况,通过人均二氧化硫生活排放强度下降率、人均氮氧化物生活排放强度下降率、人均烟(粉)尘生活排放强度下降率来衡量。这些主要污染物的下降率,除了烟(粉)尘之外,都是在国民经济发展规划中重点考核的指标。

生活水体污染物排放强度的下降,能够体现城镇污水处理水平是否提升,从而展示相关领域基础设施建设的进展。化学需氧量是快速测定污水中有机物污染的重要参数,而水体氨氮含量也反映了水中的污染物程度,水中的氨氮主要源于生活污水中含氮有机物的污染。因此,课题组采用人均化学需氧量生活排放强度下降率和人均氨氮生活排放强度下降率反映生活废水的排放及处理进展情况。

主要大气污染物生活源排放强度指标,可以反映生活中的能源使用结构、能源使用方式等状况。二氧化硫主要来源于煤炭和石油的燃烧。生活中煤炭和石油的使用主要集中于冬季取暖煤炭的使用和汽车汽油的燃烧。氮氧化物的生活排放主要来源于汽车尾气。生活源烟(粉)尘的产生也与煤炭使用有较高的关联。因此选取人均二氧化硫生活排放强度下降率、人均氮氧化物生活排放强度下降率、人均烟(粉)尘生活排放强度下降率来衡量空气情况。

2. 算法和分析方法

GLPI 2016 采用的算法同整体生态文明评价算法、分析方法一致。绿色生活水平指数算法同《中国省域生态文明建设评价报告(ECI 2016)》相同。

(1)绿色生活发展指数算法:

首先,计算出 2013—2014 年、2014—2015 年的发展速度,两个年份的发展速度相减得到 2013—2015 年各省份三级指标原始数据。

其次,用三倍标准差法,剔除原始数据中的极值,直到所有省份的所有指标中没有极值为止。

再次,计算出各省份各三级指标的 Z 分数。$Z=(x-\text{平均数})/\text{标准差}$,其中,$x$ 为各省三级指标原始数据,平均数、标准差为不同省份同一指标的平均数、标准差。各省份 Z 分数成为分布在 -3 到 3 之间的数值。最大值和最小值的省份分别用 3 和 -3 代替。

最后,用三级指标 Z 分数加权求和分别得到二级指标 Z 分数和一级指标 Z 分数。其中,二级指标权重采用内部权重,一级指标权重采用外部权重。为了使数据能够更直观地反映各省的差别,GLPI采用 T 分数作为二级指标和一级指标的结果。T 分数公式为:$T=10×Z+50$。T 分数即为各省份 2013—2015 年绿色生活发展速度结果。

(2)绿色生活进步变化率算法:

首先,计算出 2013—2014 年、2014—2015 年的发展速度,两个年份的发展速度相减得到 2013—2015 年各省份三级指标原始数据。

其次,用 2014—2015 年发展速度同 2013—2014 年发展速度相减得到各省三级指标的进步变化率。

最后,各省三级指标的进步变化率加权求和得到二级指标进步变化率,所用权重为内部权重,二级指标进步变化率加权求和得到 2013—2015 年绿色生活进步变化率,所用权重为各二级指标的权重。

第九章　绿色生活建设发展类型分析

推动生活方式绿色化,是生态文明建设融入经济、政治、文化和社会建设的重要举措。绿色生活建设的发展过程不是一蹴而就的,需要时间和过程。各地区的建设有快有慢,水平有高有低,构成不同的建设发展类型。本章以各省份 2014—2015 年绿色生活建设的发展速度和 2015 年绿色生活建设水平为坐标,对各省份绿色生活建设的发展类型进行分析定位,以便更好地把握现状,找准发展重点,推进水平快速提升。

一、绿色生活建设发展类型划分概况

基于 GLI 2016 得分和绿色生活建设发展速度的等级划分,绿色生活建设发展可以划分出五种类型,即领跑型、追赶型、前滞型、后滞型和中间型(表 9-1)。领跑型省份包括天津、上海、浙江、广东四个省份。追赶型省份包括海南、陕西、新疆、甘肃、青海和西藏六个省份。前滞型包含山东和河北两个省份。后滞型包含河南、云南、四川、宁夏和贵州五个省份。中间型省份数量是最多的,有北京、江苏、福建、内蒙古、江西、辽宁、广西、重庆、湖北、安徽、湖南、山西、吉林和黑龙江十四个省份。

表 9-1　2016 年各省份绿色生活建设水平、发展速度得分、等级和类型

省份	GLI 2016	GLI 等级分	绿色生活建设发展速度/(%)	发展速度等级分	等级分组合	类型
天津	57.79	3	1.12	3	3-3	领跑型
上海	57.48	3	4.09	3	3-3	领跑型
浙江	53.90	3	2.68	3	3-3	领跑型
广东	49.14	3	2.65	3	3-3	领跑型
海南	39.63	1	4.25	3	1-3	追赶型
陕西	39.33	1	1.63	3	1-3	追赶型
新疆	33.66	1	0.42	3	1-3	追赶型
甘肃	33.48	1	3.02	3	1-3	追赶型
青海	32.82	1	0.62	1	1-3	追赶型
西藏	28.97	1	2.92	3	1-3	追赶型

（续表）

省份	GLI 2016	GLI 等级分	绿色生活建设发展速度/（%）	发展速度等级分	等级分组合	类型
山东	44.92	3	−6.28	1	3-1	前滞型
河北	44.23	3	−7.95	1	3-1	前滞型
河南	39.96	1	−3.76	1	1-1	后滞型
云南	38.87	1	−2.31	1	1-1	后滞型
四川	38.42	1	−2.58	1	1-1	后滞型
宁夏	35.49	1	−14.17	1	1-1	后滞型
贵州	33.68	1	−2.28	1	1-1	后滞型
北京	56.92	3	−0.51	2	3-2	中间型
江苏	55.40	3	−0.04	2	3-2	中间型
福建	48.46	3	0.05	2	3-2	中间型
内蒙古	44.62	2	0.00	2	2-2	中间型
江西	43.29	2	4.38	3	2-3	中间型
辽宁	42.60	2	−5.64	1	2-1	中间型
广西	41.53	2	2.55	3	2-3	中间型
重庆	41.42	2	−1.06	2	2-2	中间型
湖北	41.39	2	2.00	3	2-3	中间型
安徽	40.93	2	1.42	3	2-3	中间型
湖南	39.97	1	−0.58	2	1-2	中间型
山西	39.17	1	−1.03	2	1-2	中间型
吉林	37.07	1	0.28	2	1-2	中间型
黑龙江	35.70	1	0.28	2	1-2	中间型

注：建设水平的上下分界线分别为 43.78 和 40.75；发展速度的上下分界线分别为 0.34% 和 −1.23%；建设水平 ≥43.78 属于第一等级，40.75～43.78 为第二等级，小于 40.75 为第三等级；发展速度 ≥0.34% 属于第一等级，−1.23%～0.34% 为第二等级，小于 −2.47% 为第三等级。

二、领跑型省份生活污染物排放削减助推绿色生活快速发展

领跑型省份绿色生活建设发展的总特征是绿色生活建设水平较高，绿色生活建设发展速度相对较快。从地域分布来看，天津、上海、浙江、广东四个领跑型省份均为东部省份。该类型省份的 GLI 得分均值是 54.58，绿色生活发展速度的均值是 2.63%。不论是类型均值，还是每个领跑型省份的 GLI 得分和发展速度分值都处于第一等级水平（表 9-2）。在二级指标的发展速度上，排放优化发展速度相对较快，属于第一等级；消费升级的发展平均速度，天津属于第二等级，上海、浙江、广东均属于第一等级。

表 9-2　2016 年领跑型地区绿色生活建设发展的基本状况

省份	消费升级 发展速度/(%)	排放优化 发展速度/(%)	绿色生活建设 发展速度/(%)	GLI 2016
天津	0.48	1.75	1.12	57.79
上海	2.14	6.05	4.09	57.48
浙江	2.81	2.54	2.68	53.90
广东	3.05	2.25	2.65	49.14
领跑型	2.12	3.15	2.63	54.58
全国均值	3.39	−2.54	0.42	42.27

在二级指标对应的建设领域上,领跑型省份的优势主要在排放优化方面,尤其是生活大气污染物强度削减方面,建设成效十分突出。在排放优化领域涉及的五个三级指标中,领跑型省份的平均水平在四个指标上都优于全国平均水平,只有人均氨氮生活排放强度下降率低于全国平均水平(表 9-3)。从指标数据看来,在全国生活大气污染物人均排放强度普遍增加的背景下,除广东在人均氮氧化物生活排放方面有所退步,其他领域中,该类型省份几乎全面实现减排,平均水平远超全国均值。这表明,这四个省份对生活领域主要大气污染物排放的治理初显成效。但是该类型省份人均氨氮生活排放强度下降率均低于全国平均水平,生活污水处理方面需要加强建设,需要继续推进城镇污水处理设施建设和升级改造,大幅度强化氨氮削减作用。

领跑型省份的消费升级建设水平发展速度虽然在增长,但其所对应的三级指标领域发展速度均低于全国平均水平,速度处于第二等级。人均可支配收入增长率、人均消费水平增长率三方面发展速度与全国平均水平基本持平。在生活消费方面,高收入、高消费成为领跑型省份的主要特点。浙江是民营经济发达活跃的地区,人均可支配收入增长率在领跑型省份位列第一,而广东的人均消费增长率甚至高于人均可支配收入增长率。在人均公共教育经费增长率方面,天津市不升反降,使得领跑型领域的整体水平速度被拉低。而与天津形成鲜明对比的是浙江省,公共教育经费增长率名列全国前茅。浙江省对基础教育投入和教育经费高效使用率的重视,是难能可贵的。上海市 2016 年绿色生活建设水平处于全国第二,绿色生活发展速度排名第三,消费升级、排放优化处理得到显著提升,结构平衡,绿色生活综合水平高。上海市公共基础投入、垃圾分类激励措施方法、城镇污水处理及大气污染物排放的解决方式,也为其他省市的发展提供了积极参考。但是在城镇生活垃圾处理方面,领跑型各省份人均生活垃圾产生量均有不同程度增加,与全国整体趋势一致,但增速高于全国平均水平。这些省份应进一步推进垃圾分类回收,促进生活废弃物的再生利用,逐步实现生活垃圾减量化。

表 9-3　2016 年领跑型省份绿色生活建设发展三级指标得分情况　　　单位：%

二级指标	三级指标	天津	上海	浙江	广东	领跑型均值	全国均值
消费升级	人均可支配收入增长率	8.53	8.49	8.82	8.46	8.57	9.17
	人均消费水平增长率	8.14	5.20	6.94	9.22	7.37	8.35
	人均卫生总费用增长率 *	—	—	—	—	—	—
	人均公共教育经费增长率	−11.96	10.14	19.19	13.48	7.71	14.05
	人均生活垃圾清运量降低率	−8.82	−3.53	−6.30	−2.52	−5.29	−3.86
排放优化	人均化学需氧量生活排放强度下降率	5.44	11.23	5.55	5.53	6.94	4.92
	人均氨氮生活排放强度下降率	4.07	1.76	5.86	5.56	4.31	6.04
	人均二氧化硫生活排放强度下降率	2.39	6.36	0.91	8.06	4.43	−14.47
	人均氮氧化物生活排放强度下降率	2.39	42.47	3.65	−13.97	8.63	−22.74
	人均烟(粉)尘生活排放强度下降率	2.39	2.42	9.02	16.58	7.60	−2.69

* 注：2015 年数据暂缺,故无法计算发展速度。以下同。

三、追赶型省份消费升级和排放优化双驱动绿色生活建设

　　追赶型省份绿色生活发展的总体特征是在绿色生活建设水平相对靠后的基础上,有较快的建设发展速度。在地域分布上,追赶型省份以西部省份为主,包括新疆、甘肃、青海、西藏、陕西。追赶型省份中还有海南省,与西部省份遥相呼应。该类型省份的 GLI 2016 得分均值是 34.65。发展速度均值为 2.14%（表 9-4）。各三级指标中,除人均化学需氧量生活排放强度下降率速度低于全国均值,其他指标均高于全国均值（表 9-5）。

表 9-4　2016 年追赶型省份绿色生活建设发展的基本状况

省份	消费升级发展速度/（%）	排放优化发展速度/（%）	绿色生活建设发展速度/（%）	GLI 2016
海南	3.01	5.49	4.25	39.63
陕西	2.90	0.36	1.63	39.33
新疆	5.40	0.44	0.42	33.66
甘肃	4.55	1.50	3.02	33.48
青海	2.21	−0.97	0.62	32.82
西藏	5.40	0.44	2.92	28.97

（续表）

省份	消费升级 发展速度/（%）	排放优化 发展速度/（%）	绿色生活建设 发展速度/（%）	GLI 2016
追赶型	3.91	1.21	2.14	34.65
全国均值	3.39	−2.54	0.42	42.27

追赶型省份的绿色生活建设得到消费升级的有力拉动,平均速度略高于全国平均水平。2014—2015 年人均可支配收入增长率,除海南省略低于全国平均水平,该类型其他省份均高于全国水平,尤其是西藏和新疆两个自治区人均可支配收入显著提升,拉高了追赶型省份整体均值。在人均公共教育经费增长上,海南、西藏、甘肃和新疆四个省份都加大对公共教育经费的投入,注重国民素质的提升,这是难能可贵的,而陕西和青海在这领域增长较慢。在人均生活垃圾清运量方面,西藏、陕西进步较大,而海南、青海、新疆呈负增长,拉低了追赶型均值。

表 9-5 　2016 年追赶型省份绿色生活建设发展三级指标得分情况　　单位:%

二级 指标	三级指标	海南	西藏	陕西	甘肃	青海	新疆	追赶型 均值	全国 均值
消费升级	人均可支配收入增长率	8.60	14.20	9.84	10.52	10.01	11.67	10.81	9.17
	人均消费水平增长率	8.86	12.69	7.24	10.90	7.99	8.10	9.30	8.35
	人均卫生总费用增长率								
	人均公共教育经费增长率	19.96	22.96	6.99	24.20	3.57	11.93	14.94	14.05
	人均生活垃圾清运量降低率	−7.38	2.69	2.06	0.13	−3.99	−0.13	−1.10	−3.86
排放优化	人均化学需氧量生活排放强度下降率	9.11	5.61	14.22	2.11	−2.47	−4.73	3.98	4.92
	人均氨氮生活排放强度下降率	12.70	8.92	11.14	6.00	−0.22	2.35	6.81	6.04
	人均二氧化硫生活排放强度下降率	15.90	−17.88	−20.48	−1.00	6.86	−10.01	−4.44	−14.47
	人均氮氧化物生活排放强度下降率	10.66	18.27	−26.04	6.13	−12.50	−24.80	−4.71	−22.74
	人均烟（粉）尘生活排放强度下降率	6.53	−14.73	16.74	1.02	−1.83	9.22	2.83	−2.69

追赶型省份排放优化的发展速度领先于其他类型的省份,同样有力拉动了绿色生活建设。六个省份在此领域建设有着各自的特点。海南在排放优化方面整体发展势头迅猛,五个三级指标远超全国平均水平。在人均化学需氧量降低上,陕西和海南进步速度较快,在全国排在前列;而青海和新疆出现负增长,这在未来都还需要更多的投入以跟进全国平均水平。在人均二氧化硫生活排放强度下降率和人均氮氧化物生活排放强度下降率方面,陕西发展速度不甚理想,需要遏制退步的趋势,减少大气污染物的排放,减少对环境的负面影响。西藏在人均二氧化硫生活排放强度方面也存在明显退步,需要加强建设。在烟(粉)尘生活排放方面,陕西和新疆的发展优势是很明显的,远超全国平均水平。而西藏在此方面退步明显,应该控制排放总量,保持绿水蓝天。

四、前滞型省份建设推进有待生活污染物排放控制加速

前滞型省份绿色生活建设水平基础好,但绿色生活发展速度较缓慢。绿色生活建设水平相对较高,GLI 平均得分仅次于领跑型省份。绿色生活建设发展速度较为缓慢,该类型平均发展速度仅高于后滞型省份。二级指标的发展速度均低于全国平均水平(表 9-6)。

表 9-6　2016 年前滞型省份绿色生活建设发展的基本状况

省份	消费升级发展速度/(%)	排放优化发展速度/(%)	绿色生活建设发展速度/(%)	GLI 2016
山东	−0.16	−12.41	−6.28	44.92
河北	4.19	−20.08	−7.95	44.23
前滞型	2.02	−16.24	−7.11	44.58
全国均值	3.39	−2.54	0.42	42.27

前滞型省份以东部省份为主,包括山东和河北。从人均可支配收入和消费水平上看,河北人均可支配收入 18 118.1 元,山东人均可支配收入 22 703.2 元,两个省份消费水平已超过全国平均水平,具有较好的消费升级基础(表 9-7)。消费升级对应三级指标中,人均公共教育经费增长十分明显,河北和山东均超过全国平均值,这一点是难能可贵的。在城市垃圾管理方面,河北人均生活垃圾清运量发展速度优于全国平均水平,但是山东城镇垃圾的分类管理仍然需要进一步加强。

前滞型省份在排放优化领域面临的压力最大。只有人均氨氮生活排放强度是进步发展的,其他领域都是负增长。虽然人均氨氮化物排放强度排放总量有所下降,但是在水质改善实际效果上,仍然没有形成良性循环。河北烟(粉)尘生活

排放控制亟须进一步加强,应升级产业结构,优化生活污染源处理设施,减少对大气环境的污染。

表 9-7　2016 年前滞型省份绿色生活建设发展三级指标得分情况　　　　　单位:%

二级指标	三级指标	河北	山东	前滞型均值	全国均值
消费升级	人均可支配收入增长率	8.83	8.81	8.82	9.17
	人均消费水平增长率	9.21	9.37	9.29	8.35
	人均卫生总费用增长率	—	—	—	—
	人均公共教育经费增长率	24.08	14.85	19.47	14.05
	人均生活垃圾清运量降低率	1.04	−37.86	−18.41	−3.86
排放优化	人均化学需氧量生活排放强度下降率	−1.75	−4.68	−3.22	4.92
	人均氨氮生活排放强度下降率	2.21	2.15	2.18	6.04
	人均二氧化硫生活排放强度下降率	−87.03	−26.37	−56.70	−14.47
	人均氮氧化物生活排放强度下降率	−108.43	−114.73	−111.58	−22.74
	人均烟(粉)尘生活排放强度下降率	−32.77	3.89	−14.44	−2.69

五、后滞型省份应以生活大气污染物减排为突破点推动绿色生活建设

后滞型省份绿色生活进展较为缓慢,绿色生活建设水平排名较靠后,在发展速度上攀爬前行,负增长情况普遍(表 9-8)。

表 9-8　2016 年后滞型省份绿色生活建设发展的基本状况

省份	消费升级发展速度/(%)	排放优化发展速度/(%)	绿色生活建设发展速度/(%)	GLI 2016
河南	2.21	−9.73	−3.76	39.96
云南	3.64	−8.25	−2.31	38.87
四川	3.65	−8.81	−2.58	38.42
宁夏	2.98	−31.31	−14.17	35.49
贵州	5.13	−9.68	−2.28	33.68
后滞型	3.17	−8.93	−5.02	39.08
全国均值	3.39	−2.54	0.42	42.27

后滞型省份在地域上集中于中部地区,主要有中部的河南、四川;还包括西南部的云南、贵州和西北的宁夏。虽然在发展速度上进展缓慢,但是在消费升级中,后滞型省份消费结构有所平衡,均值与全国平均水平差异不大。排放优化所对应的领域虽进步不大,但是除四川、宁夏外,其他省份人均化学需氧量生活排放和氨氮生活排放均高于全国均值(表 9-9)。

表 9-9   2016 年后滞型省份绿色生活建设发展三级指标得分情况   单位:%

二级指标	三级指标	河南	四川	贵州	云南	宁夏	后滞型均值	全国均值
消费升级	人均可支配收入增长率	9.11	9.35	10.71	10.53	8.94	9.73	9.17
	人均消费水平增长率	7.59	10.22	11.94	11.51	10.66	10.38	8.35
	人均卫生总费用增长率	0.00	0.00	0.00	0.00	0.00	0.00	0.00
	人均公共教育经费增长率	4.35	17.39	20.51	12.62	15.28	14.03	14.05
	人均生活垃圾清运量降低率	−2.84	−1.70	7.22	−1.63	−7.37	−1.27	−3.86
排放优化	人均化学需氧量生活排放强度下降率	5.80	3.45	5.71	6.08	−117.05	−19.20	4.92
	人均氨氮生活排放强度下降率	6.30	5.14	8.48	6.53	−3.08	4.67	6.04
	人均二氧化硫生活排放强度下降率	−32.23	−29.74	−7.67	−6.10	−43.29	−23.80	−14.47
	人均氮氧化物生活排放强度下降率	−85.92	−34.07	−47.03	−39.15	−66.37	−54.51	−22.74
	人均烟(粉)尘生活排放强度下降率	−8.21	−47.50	−73.95	−65.10	−84.99	−55.95	−2.69

在消费升级领域,后滞型省份所对应的三级指标都处于进步之中。尤其是人均可支配收入增长和人均消费水平增长均值高于全国平均水平,这表明后滞型省份经济增长速度提升较快,消费观念开放,消费结构趋于合理。在人均公共教育经费增长上,河南增长速度稍缓慢一些,其他省份增长速度十分快速。这也是各省份积极创建美丽中国、营造美好生活的成果体现,同时也为消费结构升级和排放优化观念的普及提供良好的社会氛围。贵州在人均生活垃圾清运量降低方面,效果还是十分明显的。其他后滞型省份应进一步在生活垃圾分类处理方面加强工作力度。

在排放优化领域所对应的三级指标人均化学需氧量排放强度下降率方面,河南、四川、贵州和云南进步速度还是十分明显的。这也说明该类型省份对生活污染源处理的措施有效,对水体保护和水质改善工作的重视,这点实属不易。但宁夏在此领域进展较为薄弱,拉低了后滞型省份的均值。在大气环境治理方面,后滞型省份表现都有些力不从心。伴随着各省份经济增长的同时,如何平衡经济收入与公民绿色交通出行方式的选择,改善公民需求消费支出结构,提高公民环境忧患意识,是未来各省控制二氧化硫和烟(粉)尘排放管理工作的着力点。

六、中间型省份的绿色生活建设潜力待进一步激发

中间型省份绿色生活建设相对平衡,绿色生活建设水平处于中下水平,略高于全国平均水平;绿色生活发展速度低于全国平均水平(表 9-10)。

表 9-10　2016 年中间型省份绿色生活建设发展的基本状况

省份	消费升级发展速度/（%）	排放优化发展速度/（%）	绿色生活建设发展速度/（%）	GLI 2016
北京	2.45	−3.46	−0.51	56.92
江苏	2.79	−2.87	−0.04	55.40
福建	3.38	−3.29	0.05	48.46
内蒙古	2.74	−2.74	0.00	44.62
江西	3.44	5.33	4.38	43.29
辽宁	1.86	−13.13	−5.64	42.60
广西	2.93	2.16	2.55	41.53
重庆	2.96	−5.07	−1.06	41.42
湖北	3.46	0.54	2.00	41.39
安徽	3.29	−0.45	1.42	40.93
湖南	2.72	−3.88	−0.58	39.97
山西	3.75	−5.80	−1.03	39.17
吉林	3.14	−2.58	0.28	37.07
黑龙江	3.17	−2.60	0.28	35.70
中间型	3.00	−2.70	0.15	43.46
全国均值	3.39	−2.54	0.42	42.27

　　中间型省份主要分布在中国版图的东中部。北京的居民收入水平和消费水平最高；东部江苏收入和消费水平较高；其他省份的居民收入和消费水平都不是太高，与全国平均水平有一定差距。建设水平的优势在消费升级领域较全国平均水平略有优势，其对应的各三级指标都优于全国平均水平。

　　在消费升级的二级指标的发展速度上，中间型省份虽然是进步发展态势，但是平均速度较慢（表 9-11）。在生活垃圾清运量减量建设成效不显著，山西、内蒙古、黑龙江、吉林、福建清运量呈现正增长，北京、辽宁、江苏、安徽、江西、湖北、湖南、广西、重庆清运总量都在上升，未来还需在生活垃圾分类利用上加强管理。值得一提的是，山西和湖北两省在人均收入和消费上处于全国中下水平，但是在公共教育经费投入上，上升势头及其迅猛，位列全国前茅，这一点实属不易。

　　在排放优化领域，中间型省份整体保持了进步。人均化学需氧量和人均氨氮生活排放强度排放下降率方面，进步明显。在水资源的保护和治理方面都呈现正增长的喜人局面。但是在大气环境治理方面，二氧化硫和烟（粉）尘生活排放强度普遍存在负增长情况，且排放总量上升尤为明显。因此如何降低污染物排放，将排放总量控制在环境质量的范围之内，是中间型省份亟待解决的问题。

表 9-11　2016 年中间型省份绿色生活建设发展三级指标得分情况

单位：%

二级指标	三级指标	北京	山西	内蒙古	辽宁	吉林	黑龙江	江苏	安徽	福建	江西	湖北	湖南	广西	重庆	中间型均值	全国均值
消费升级	人均可支配收入增长率	8.92	7.95	8.52	7.69	6.64	6.83	8.71	9.33	8.89	10.18	9.53	9.62	8.46	9.58	8.63	9.17
	人均消费水平增长率	8.68	7.96	5.66	7.04	5.67	4.96	7.26	9.49	6.83	11.85	10.74	7.36	10.97	9.62	8.15	8.35
	人均卫生总费用增长率	—	—	—	—	—	—	—	—	—	—	—	—	—	—	—	—
	人均公共教育经费增长率	10.75	20.26	12.62	1.08	16.58	14.74	17.16	14.16	17.95	11.95	23.80	10.20	18.67	15.31	14.66	14.05
	人均生活垃圾清运量减低率	-6.55	2.26	0.17	-1.50	3.75	6.24	-5.33	-1.99	0.63	-3.31	-9.55	-2.16	-10.24	-6.86	-2.46	-3.86
排放优化	人均化学需氧量生活排放强度下降率	4.44	13.85	6.86	8.10	2.39	6.07	7.41	4.76	5.22	4.99	5.05	4.08	6.62	3.62	5.96	4.92
	人均氨氮生活排放强度下降率	16.32	9.52	6.37	4.38	2.52	6.64	5.66	7.54	5.88	9.59	4.82	3.31	6.47	5.15	6.73	6.04
	人均二氧化硫生活排放强度下降率	-26.16	-64.31	-15.13	-44.65	-14.55	-12.48	-14.99	-10.55	-11.20	28.85	-1.22	-19.20	2.67	-28.36	-16.52	-14.47
	人均氮氧化物生活排放强度下降率	-34.23	-31.11	-24.42	-119.82	-19.38	-28.30	-30.68	-14.43	-24.45	22.02	-2.31	-46.05	1.97	-13.66	-26.10	-22.74
	人均烟(粉)尘生活排放强度下降率	-6.52	-1.46	-9.19	-0.97	-1.89	-5.07	-4.29	3.43	-16.40	-9.93	-3.55	11.39	2.44	-27.13	-4.94	-2.69

七、绿色生活发展类型分析小结

1. 领跑型省份消费升级结构需要进一步完善

领跑型省份城市经济发展水平较高,绿色生活建设基础好,消费升级和排放优化指标都处于进步之中。但是,在消费升级对应的三级指标人均生活垃圾清运量降低率中,四个省份全部都是负增长。城镇生活垃圾的处理成为领跑型省份迫切需要解决的问题。各省份需要从城市人口城镇比例、城市经济发展水平、居民收入与消费结构、燃料结构、管理水平等方面综合考虑,寻求生活垃圾清运的解决途径。

2. 前滞型和后滞型省份排放优化压力明显

前滞型省份和后滞型省份在排放优化领域面临的压力最大。前滞型省份只有人均氨氮生活排放强度是进步发展的,其他领域都是负增长。城市经济水平与消费升级在提高的同时,如何实现水体和大气环境保持与改善的良好循环,是前滞型省份城市发展过程的突破口。

后滞型省份面临着经济增长和绿色发展的双重压力。在消费升级领域发展速度虽然提升明显,但绿色生活建设水平基础总体较薄弱。在水体保护和水质改善方面,个别省份进步十分明显,但仍落后于全国其他省份。在大气环境治理方面,后滞型省份表现都有些力不从心,未来各省应紧抓二氧化硫和烟(粉)尘排放的管理。

3. 追赶型省份各领域建设仍需优化

追赶型省份消费升级水平略高于全国平均水平,排放优化的发展速度领先于其他类型的省份。在消费升级领域,推进垃圾分类回收,促进生活废弃物的再生利用是未来提升该领域建设水平的有效途径。在排放优化领域,应该控制大气污染物排放总量,保持绿水蓝天。

4. 中间型省份激发绿色生活动力

中间型省份消费升级领域虽是进步发展态势,但是平均速度较慢。人均可支配收入个别省份处于全国中下水平,由此也带来了消费意愿不高的结果。垃圾分类利用也制约着消费升级指标的提升。在排放优化领域,中间型省份整体保持了进步,但是在大气环境治理方面,二氧化硫和烟(粉)尘排放仍然是中间型省份的发展短板。

5. 消费升级的瓶颈在城市垃圾分类处理

在五个发展类型中,从其消费升级发展速度来看,人均生活垃圾清运量降低率影响着消费升级发展速度的快与慢。五个类型消费升级发展速度均是正增长,而人均生活垃圾清运量全部都是负增长。追赶型、后滞型和中间型省份的消费升

级发展速度是 3.91%、3.17% 和 3%,而人均生活垃圾清运量发展速度是 -1.1%、
-1.27% 和 -2.46%。影响较明显的是领跑型和前滞型省份,消费升级发展速度
为 2.12% 和 2.02%,而人均生活垃圾清运量降低率居然为负,分别为 -5.29% 和
-18.41%,制约着消费升级领域的发展速度。

6. 排放优化发展速度的快慢影响着绿色生活建设发展整体速度的快慢

排放优化发展速度快,绿色生活建设发展速度快;排放优化发展速度慢,绿色
生活发展速度慢。从五个发展类型来看,领跑型和追赶型省份排放优化发展速度
为 3.15% 和 1.21%,绿色生活建设发展速度也为正增长,分别是 2.63% 和
2.14%。这也是领先其他类型省份的"奥秘"所在。前滞型和后滞型省份,排放优
化发展速度为负增长,-16.24% 和 -8.93%,绿色生活建设发展速度也不是很理
想,分别为 -7.11% 和 -5.02%。中间型省份的排放优化发展速度为 -2.7%,绿
色生活建设发展速度仅增长了 0.15%。通过具体类型分析,我们不难看出,排放
优化重点在于大气污染的治理。

第十章 绿色生活发展态势和驱动分析

绿色生活发展态势和驱动分析是课题组采用绿色生活发展指数指标体系 (Green Life Progress Index,简称 GLPI),对 2013—2015 年三十一个省份的绿色生活建设发展情况进行计算和分析。[①]最终得出三年内每个省份绿色生活发展情况的评价。绿色的生活方式是中国大力倡导的生活方式,本章将通过对所有省份相关数据的计算和分析,对其绿色生活发展进行比较和分析,以把握中国绿色生活的发展状况。

一、绿色生活发展态势分析

课题组采用绿色生活发展指数指标体系对中国三十一个省份进行比较。该指标体系下设两个二级指标和十个三级指标,分别从消费升级和排放优化两方面对全国和各省份绿色生活发展进行发展状况的描述和分析。[②]

1. 全国绿色生活建设加速发展

2013—2015 年,全国绿色生活建设进步变化率为 1.88%,绿色生活建设呈加速增长趋势。就二级指标来看,消费升级呈减速发展趋势,为 −0.94%,而排放优化发展速度增加,达到 4.70%(表 10-1,图 10-1)。

表 10-1 2013—2015 全国绿色生活进步变化率   单位:%

消费升级	排放优化	GLPI 进步率
−0.94	4.70	1.88

---

① 课题组采用进步变化率表示各省份的绿色生活发展状况,以进行态势分析,用相关性表示各指标间的相关程度,以进行驱动分析。

② 三级指标进步变化率的计算步骤为:先计算出各省份各指标两个年度的发展速度,然后用后一年的发展速度同前一年的相减,即得各省各指标的进步变化率。一、二级指标进步变化率分别由二、三级指标进步变化率加权求和得出。

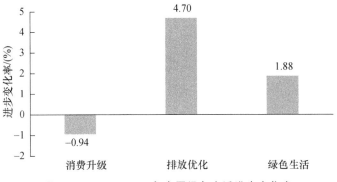

图 10-1　2013—2015 年全国绿色生活进步变化率

　　全国绿色生活发展在经历了 2012—2014 年进步变化率的倒退后，2013—2015 年的进步变化率回升，基本上与 2011—2013 年持平（图 10-2）。消费升级在 2011—2015 年增长稳定，进步变化幅度不大，而排放优化在 2012—2014 年经历了大幅退步之后，在 2013—2015 年得到回升（图 10-3）。从近五年的发展速度得知，2012—2014 年的排放优化进步变化率的大幅退步主要由 2013—2014 年人均烟（粉）尘生活排放效应优化发展速度的大幅退步导致，其发展速度为 −78.87％；而 2014—2015 年人均烟（粉）尘生活排放效应优化发展速度的回升（发展速度为 −6.83％）较大程度上影响了 2013—2015 年排放优化进步变化率的回升。

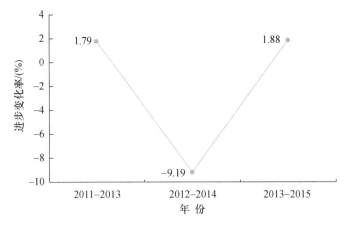

图 10-2　"十二五"期间全国绿色生活进步变化率

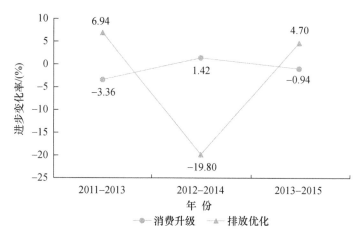

图 10-3 "十二五"期间全国绿色生活二级指标进步变化率

（1）消费升级减速发展，各三级指标增速放缓。

"十二五"以来，中国国民收入和消费发展已经度过加速发展的阶段，发展状况趋于平稳。2015—2016 年的消费升级发展速度放缓，其中，人均可支配收入、人均消费水平均增速放缓（表 10-2）。人均卫生总费用加速增长，进步变化率达到了4.53%。而 2013—2015 年的人均生活垃圾清运量降低率发展呈加速倒退状态，人均生活垃圾清运量持续增长，由 2013 年的 235.79 千克/人上升到 2015 年的248.22 千克/人（图 10-4）。

表 10-2 2013—2015 年全国消费升级进步变化率

三级指标	进步变化率/（%）
人均可支配收入增长率	−0.60
人均消费水平增长率	−0.60
人均卫生总费用增长率	4.53
人均公共教育经费增长率	−4.92
人均生活垃圾清运量降低率	−3.01

（2）排放优化发展迅速，但内部各指标差异较大。

在排放优化三级指标中，人均氨氮生活排放强度下降率和人均烟（粉）尘生活排放强度下降率进步变化率为正值，而其余三项为负值（表 10-3）。人均烟（粉）尘生活排放强度下降率进步变化率数值最大，为 72.03%。值得注意的是，这并非由人均烟（粉）尘生活排放量大幅下降引起，而是人均烟（粉）尘生活排放量在 2014年经历了大幅上涨后，在 2015 年基本与上年持平所致（图 10-5）。二氧化硫生活排放量、氮氧化物生活排放量上涨速度加快，应引起注意。

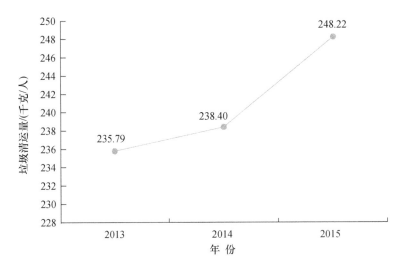

图 10-4　2013—2015 年人均生活垃圾清运量

表 10-3　2013—2015 年全国排放优化进步变化率

三级指标	进步变化率/(%)
人均化学需氧量生活排放强度下降率	−0.38
人均氨氮生活排放强度下降率	1.10
人均二氧化硫生活排放强度下降率	13.87
人均氮氧化物生活排放强度下降率	−32.48
人均烟(粉)尘生活排放强度下降率	72.03

图 10-5　2013—2015 年排放优化各三级指标排放量

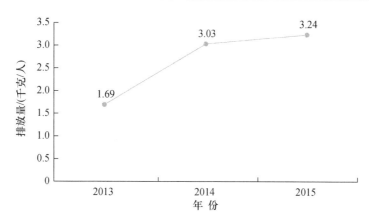

图 10-6　2013—2015 年人均烟(粉)尘生活排放量

2. 各省份绿色生活发展态势分析

对于 2013—2015 年各省份的绿色生活进步变化率,加速发展和减速发展的省份数量大致均等,有十六个省份加速发展,十五个省份减速发展。相比于减速发展的省份(进步变化率均值为 −6.44%),加速发展的省份发展势头更猛(进步变化率均值为 7.31%)(图 10-7)。具体来看,青海的绿色生活发展速度最快,进步变化率达到了 18.74%,陕西(进步变化率为 15.95%)紧随其后。而减速最快的为山东,进步变化率达到了 −14.09%(表 10-4)。

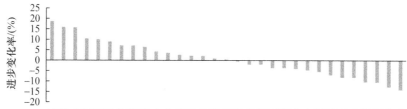

图 10-7　2013—2015 年各省份绿色生活总进步变化率

表 10-4　2013—2015 年各省份绿色生活总进步变化率及排名

排名	省份	进步变化率/(%)
1	青海	18.74
2	陕西	15.95
3	山西	15.71
4	江西	10.47

（续表）

排名	省份	进步变化率/（%）
5	河北	10.10
6	天津	9.01
7	甘肃	7.17
8	新疆	7.10
9	海南	6.47
10	吉林	4.25
11	内蒙古	3.59
12	河南	2.72
13	西藏	2.20
14	广西	2.15
15	广东	0.90
16	浙江	0.45
17	黑龙江	−0.48
18	安徽	−1.91
19	湖北	−1.93
20	江苏	−3.60
21	湖南	−3.67
22	北京	−4.12
23	上海	−4.67
24	福建	−5.39
25	四川	−7.01
26	云南	−8.16
27	重庆	−8.20
28	贵州	−10.28
29	辽宁	−10.42
30	宁夏	−12.70
31	山东	−14.09

（1）消费升级平稳发展，减速发展省份较多。

2013—2015 年各省份消费升级发展情况中，加速发展的省份（十个）只占总体的 1/3，减速的省份为二十一个。同时，相较于加速发展的省份，消费升级减速的省份进步率减速更大，加速省份进步变化率均值为 1.56%，减速均值为 −2.53%（图 10-8）。

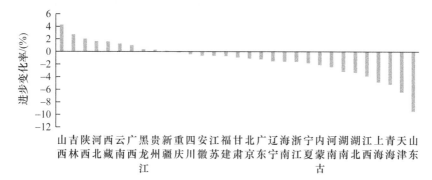

图 10-8　2015—2016 年各省份消费升级进步变化率

从省份来看,加速发展最快的山西,消费升级进步变化率仅有 4.29%,这得益于山西的公共教育经费和生活垃圾清运量表现较好,①其中人均公共教育经费增长率位居三十一个省份之首,而人均生活垃圾清运量降低率为第三名,达到11.91%。减速最快的山东,其消费升级进步变化率达到了-9.50%,其人均生活垃圾清运量降低率进步变化率数值最低,达到了-45.43%。从其发展速度来看,在经历 2014 年的降低之后,2015 年山东的人均生活垃圾清运量大幅上涨,2015年的人均生活垃圾清运量降低率为-37.86%,2014 年则为 7.57%。

从各三级指标来看,人均公共教育经费增长率各省份表现良好,只有三个省份的进步变化率为负数,其余省份皆为正值,其进步变化率均值为 10.46%,表现最好的为山西,进步变化率达到了 23.79%,最差的是天津,进步变化率为-20.69%,这也间接影响了天津在三十一个省份中的消费升级成绩。② 而人均生活垃圾清运量降低率各省份数据差异较大,进步变化率值最大的为西藏,为18.20%,最小的为山东,这成为影响山东消费升级排名最重要的因素。

（2）排放优化各省份进、退步势均力敌,烟（粉）尘排放下降率加速发展省份较多。

排放优化中,加速发展的省份有十六个,进步变化率均值为 15.36%,有九个省份的进步变化率达到了 10%以上,而减速发展的省份有十五个,进步变化率均值为-11.16%（图 10-9）。

从各省份来看,青海的排放优化进步变化率最高,达到了 42.64%,青海的五个三级指标进步变化率均为正值,且人均二氧化硫排放强度下降率进步变化率、

---

① 人均公共教育经费增长率和人均生活垃圾清运量增长率同消费升级相关性最高。参见本章"二、绿色生活发展驱动分析"。

② 天津的进步变化率在消费升级的五个三级指标中皆为负数（其中人均生活垃圾清运量进步变化率为-4.36%）,这影响了天津的消费升级排名。

人均氮氧化物排放强度下降率进步变化率、人均烟（粉）尘排放强度下降率进步变化率在三十一个省份中排在第三、第四、第三名。减速最快的省份为宁夏，进步变化率达到了−23.58％。山西的人均化学需氧量生活排放强度下降率进步变化率在三十一个省份中最低，达到了114.70％，而其他省份的进步变化率浮动在±15％之间。

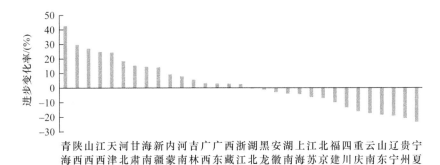

图 10-9 2015—2016 年各省份排放强度进步变化率

从各三级指标来看，各省份在人均烟（粉）尘排放强度下降率这一指标上表现最好（图 10-10）。有五个省份进步变化率达到了150％以上，其中河北进步变化率最高，达到了246.83％。各省人均氮氧化物排放强度下降率表现最差，减速省份不仅数量最多，而且其进步变化率数值在各三级指标减速省份中最小，均值在−40.01％。而这种发展速度的大幅上涨是由于 2013—2014 年的发展速度倒退，

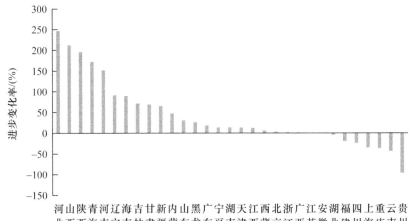

图 10-10 2013—2015 年各省份人均烟（粉）尘排放强度下降率进步变化率

而 2014—2015 年发展速度无明显进步或退步而导致。

二、绿色生活发展驱动分析

驱动分析主要考察绿色生活建设进步变化率之间的相关性。以 GLPI 2016 进步变化率一级指标与二级指标得分,二级指标与三级指标得分,一级指标与三级指标得分之间的相关性分析为依据,考察各级指标之间的相互影响,进而尝试分析发展原因以及解决方法。

1. 绿色生活发展与排放优化呈显著正相关

"十二五"期间,消费水平发展走向平稳,而近年来衣食住行的变化对各种排放指标具有重大影响。2015—2016 年的绿色生活建设发展中,排放优化成为绿色生活的主要驱动,其对绿色生活发展的贡献达到了 0.986(表 10-5)。

表 10-5 GLPI 进步变化率与二级指标进步变化率相关性

	GLPI 进步率	消费升级	排放优化
GLPI	1	0.205	0.986**
消费升级		1	0.041
排放优化			1

2. 生活垃圾清运成为影响绿色生活发展的主要因素,教育投入表现良好

消费升级发展主要受到生活垃圾清运量和公共教育的影响。人均生活垃圾清运量相关性最强,达到了 0.808,其次是人均公共教育经费,相关性为 0.506 (表 10-6)。

表 10-6 消费升级进步变化率与三级指标进步变化率相关性

	消费升级	人均可支配收入增长率	人均消费水平增长率	人均卫生总费用提高率	人均公共教育经费提高率	人均生活垃圾清运量降低率
消费升级	1	0.068	0.247	0.186	0.506**	0.808**
人均消费水平增长率		1	0.021	−0.157	−0.287	0.170
人均卫生总费用提高率			1	−0.210	0.071	0.077
人均公共教育经费提高率				1	0.158	−0.103
人均生活垃圾清运量降低率					1	−0.008

教育是认识的前提,生活方式的转变需要依靠认识上的转换。在人均公共教育经费提高率这一指标上,大部分省份都实现了加速发展,经费投入增长最快的为山西,达到了 23.79%,仅有三个省份(天津、青海、西藏)进步变化率为负数,其中青海、西藏人均公共教育经费增长率放缓,但仍持续增加,天津 2015 年的人均公共教育经费投入不增反降。

　　绿色生活应当更注重理性消费,减少不必要消费品的消费。在较高的可支配收入情况下,生活垃圾越少代表消费越理性、生活越绿色。2013—2015 年各省份人均生活垃圾清运量降低率在各三级指标中表现中等,平均进步变化率为－1.63%,低于人均可支配收入增长率平均数和人均消费水平增长率平均数(图10-11)。在人均生活垃圾清运量降低率上,可以看到山东的减速最快,进步变化率达到了－45.43%(图 10-12)。

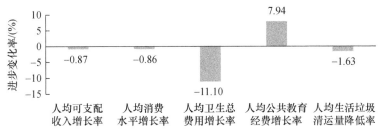

图 10-11　2013—2015 年消费升级各三级指标进步变化率平均数

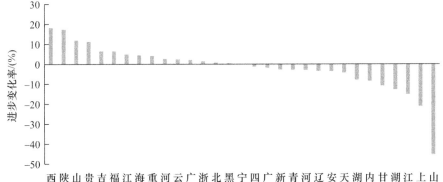

图 10-12　2013—2015 年各省份人均生活垃圾清运量降低率进步变化率

　　3. 人均烟(粉)尘生活排放强度下降率表现良好,应加强氮氧化物排放的控制

　　2015—2016 年人均烟(粉)尘生活排放成为最主要的主导因素,相关性为0.685,人均氮氧化物生活排放成为次要影响因素,相关性为 0.450(表 10-7)。

表 10-7　排放优化进步变化率与三级指标进步变化率相关性

	排放优化	人均化学需氧量生活排放强度下降率	人均氨氮生活排放强度下降率	人均二氧化硫排放强度下降率	人均氮氧化物生活排放强度下降率	人均烟(粉)尘生活排放强度下降率
排放优化	1	0.341	0.255	0.335	0.450*	0.685**
人均化学需氧量生活排放强度下降率		1	0.347	−0.150	0.005	0.076
人均氨氮生活排放强度下降率			1	0.049	0.189	−0.005
人均二氧化硫排放效应优化				1	0.647**	−0.247
人均氮氧化物生活排放强度下降率					1	−0.248
人均烟(粉)尘生活排放强度下降率						1

　　各省份人均烟(粉)尘生活排放强度下降率进步变化率表现良好,超过 2/3 的省份实现了加速发展,势头迅猛,有五个省份的进步变化率超过了 100%,其中河北进步变化率最高,为 246.83%,山西紧随其后,为 211.99%(图 10-13)。

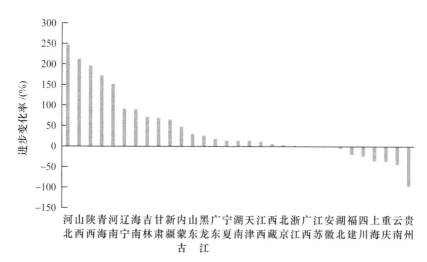

图 10-13　2015—2016 年各省份人均烟(粉)尘生活排放强度下降率进步变化率

　　人均氮氧化物生活排放强度下降率有 2/3 的省份进步变化率为负数,其中最低为辽宁,其发展速度在 2013—2014 年加速达 19.87% 之后,在 2014—2015 年减速,降为 −119.82%(图 10-14)。汽车等交通工具的尾气排放是氮氧化物生活排放的一个重要来源,尾气中的氮氧化物和碳氢化合物在强紫外线作用下会形成光化学烟雾,长时间接触后会损害呼吸系统。因此,加强政策管控和科技创新投入对减少氮氧化物排放十分必要。

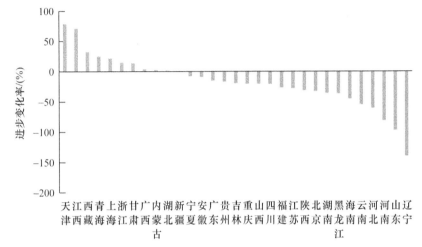

图 10-14　2015—2016 年各省份人均氮氧化物生活排放强度下降率进步变化率

4. 氮氧化物生活排放、烟(粉)尘生活排放成为绿色生活发展重要影响因素

排放优化是绿色生活的主要影响因素。排放优化中的两个三级指标——人均氮氧化物生活排放强度下降率和人均烟(粉)尘生活排放强度下降率成为绿色生活的主要影响因素(表 10-8)。因此,加强氮氧化物生活排放和烟(粉)尘生活排放的控制十分必要。

表 10-8　GLPI 进步变化率与三级指标进步变化率相关性

	GLPI 进步变化率
人均可支配收入增长率	−0.015
人均消费水平增长率	0.12
人均卫生总费用提高率	0.291
人均公共教育经费提高率	−0.236
人均生活垃圾清运量降低	0.281
人均化学需氧量生活排放强度下降率	0.35
人均氨氮生活排放强度下降率	0.292
人均二氧化硫排放效应优化	0.255
人均氮氧化物生活排放强度下降率	0.422*
人均烟(粉)尘生活排放强度下降率	0.706**

三、小结

1. 收入和消费增速逐渐趋于平稳,排放优化应注重建设

"十二五"期间,中国收入和消费稳步增加,增长速度趋于平稳。排放优化成为影响绿色生活建设的一个最大影响因素,但各省份多个指标进步幅度不大,甚至在上一年进步之后又退步。无论是加强生活排放的政策调控还是个人自觉,应社会多方一起行动。

2. 生产和生活关系密切,绿色生活的发展离不开产业调整和科技创新

生产的目的为了消费,所有的消费排放量理论上都能追溯到生产上的能源资源消耗。因此,绿色生活的达成离不开生产上的调整升级,更离不开技术在生活消费品上的投入和研发,以使其消耗更少资源,服务更多大众,减少大众在生活消费品上的资源消耗。

3. 思维意识的调整与绿色生活方式的建设相辅相成

中国在 2012 年实现了全面小康。随着生活水平的逐渐提高,收入和消费逐渐平稳,人们的生活已经从温饱转向了小康,但是奢侈的生活方式在近年来逐渐流行,人们逐渐提高物质生活必需品标准。实际上这种奢侈的生活方式背后的思维方式并无改变——因害怕贫穷而对物质无限渴望。因此,实现绿色生活方式,首先要从源头上转变思维。只有思维转变,减少物质欲望,提升生活质量而非数量,才利于绿色生活的大范围施行。

近年来,中国人民对美好的生活的向往与日俱增。因此,展望未来,更需要解决发展过程中的不平衡问题,需要中国在生产方式上的转型升级的配合,带动绿色生活方式在人们生活中的流行。

附录一 ECPI 2016 指标解释与数据来源

最新完善后的生态文明发展指数(ECPI 2016)评价体系,包括四项二级指标、二十项三级指标,各指标具体含义、设置依据、计算公式与数据来源如下。

1. 生态保护考察领域

(1)森林面积增长率:考察森林覆盖率提高比例。森林覆盖率是指以行政区域为单位的森林面积占土地总面积比例。国家"十三五"规划提出,要继续开展大规模国土绿化行动,保护培育森林生态系统,森林覆盖率提高到 23.04%。

$$森林面积增长率 = \left(\frac{本年度森林覆盖率}{上年度森林覆盖率} - 1 \right) \times 100\%$$

数据来源:国家林业局[①]《第八次全国森林资源清查资料(2009—2013)》,国家统计局《中国统计年鉴》。

(2)森林质量提高率:评价单位森林面积的蓄积量增长率。单位森林面积蓄积量是指行政区域内单位森林面积上存在着的林木树干部分的总材积,它是反映该地区森林资源多寡、衡量森林生态环境优劣的重要依据。作为国家"十三五"规划中需要重点落实的约束性指标,森林蓄积量增加 14 亿立方米。

$$森林质量提高率 = \left(\frac{本年度森林蓄积量/本年度森林面积}{上年度森林蓄积量/上年度森林面积} - 1 \right) \times 100\%$$

数据来源:国家林业局《第八次全国森林资源清查资料(2009—2013)》,国家统计局《中国统计年鉴》。

(3)自然保护区面积增加率:指辖区内自然保护区面积的年度提高率。自然保护区作为生物多样性保护的重要载体,是为保护有代表性的自然生态系统、珍稀濒危野生动植物物种,促进国民经济的持续发展,经各级人民政府批准,划定给予特殊保护和管理的区域。国家"十三五"规划提出,要强化自然保护区建设和管理力度,继续实施生物多样性保护重大工程。

$$自然保护区面积增加率 = \left(\frac{本年度自然保护区面积}{上年度自然保护区面积} - 1 \right) \times 100\%$$

数据来源:国家统计局《中国统计年鉴》。

(4)建成区绿化覆盖增加率:考察行政区域内,在城市建成区中乔木、灌木、草

---

① 2018 年 3 月后调整为国家林业和草原局。后同。

坪等所有植被的垂直投影面积占建成区总面积比例的年度上升率。国家"十三五"规划指出,要加强城市公园绿地等生态设施建设,打造和谐宜居城市环境。

$$建成区绿化覆盖增加率 = \left(\frac{本年度建成区绿化覆盖率}{上年度建成区绿化覆盖率} - 1\right) \times 100\%$$

数据来源:住房和城乡建设部《中国城市建设统计年鉴》,国家统计局《中国统计年鉴》。

(5)湿地资源增长率:评价湿地资源面积的年度增加率。湿地指天然或人工形成的沼泽地等带有静止或流动水体的成片浅水区,也包括低潮时水深不超过 6 米的水域。湿地被誉为"地球之肾",具有净化水质等作用,是淡水安全的生态保障,生态功能重要。国家"十三五"规划提出,要完善湿地保护制度,加大湿地生态系统保护、修复力度,全国湿地面积不低于 8 亿亩。

$$湿地资源增长率 = \left(\frac{本年度湿地面积}{上年度湿地面积} - 1\right) \times 100\%$$

数据来源:国家统计局《中国统计年鉴》。

2. 环境改善考察领域

(1)空气质量改善:评估环保重点城市空气质量达到及好于二级的平均天数提高比例。新《环境空气质量标准》综合考虑了二氧化硫、二氧化氮、PM_{10}、$PM_{2.5}$、一氧化碳、臭氧等六项污染物的污染程度,自 2013 年开始实施监测以来,最新发布 113 个环保重点城市空气质量达到及好于二级的天数。本指标暂时使用各省环保重点城市空气质量达到及好于二级的平均天数代表全省情况。国家"十三五"规划要求,深入实施大气污染物防治行动计划,加大重点地区 $PM_{2.5}$ 污染治理力度,未达标地级以上城市浓度下降 18%,所有地级以上城市空气质量优良天数比率达 80% 以上,重污染天数减少 25%。

$$空气质量改善 = \left(\frac{本年度环保重点城市空气质量达到及好于二级的平均天数比例}{上年度环保重点城市空气质量达到及好于二级的平均天数比例} - 1\right) \times 100\%$$

数据来源:国家统计局《中国统计年鉴》。

(2)地表水体质量改善:考察主要河流Ⅰ～Ⅲ类水质河长比例增加率。现阶段,湖泊、水库等重要水体和地下水的水质情况,没有按省级行政区统计发布的数据。本指标暂时采用行政区域内Ⅰ～Ⅲ类水质的河流长度占评价总河长的比例代替。国家"十三五"规划指出,要加强水体环境保护治理,地表水质量达到或好于Ⅲ类水体比例在 70% 以上,劣Ⅴ类水体比例 5% 以下。

$$地表水体质量改善 = \left(\frac{本年度主要河流Ⅰ～Ⅲ类水质河长比例}{上年度主要河流Ⅰ～Ⅲ类水质河长比例} - 1\right) \times 100\%$$

数据来源:水利部《中国水资源公报》。

(3)化肥施用合理化:指单位农作物播种面积化肥施用量的下降比例。目前,中国整体单位农作物播种面积的化肥施用量已远超过国际公认安全使用上限

（225 千克/公顷）。国家"十三五"规划继续坚持耕地保有量的约束性指标,要求在18.65 亿亩以上,并开始认识到化肥、农药过量不合理施用所导致的耕地质量退化、污染等问题,采取措施开展农业面源污染综合防治,实施化肥农药使用量零增长行动,全面推广测土配方施肥、农药精准高效施用。

$$化肥施用合理化 = \left(1 - \frac{本年度化肥施用量/本年度农作物总播种面积}{上年度化肥施用量/上年度农作物总播种面积}\right) \times 100\%$$

数据来源:国家统计局《中国统计年鉴》,环境保护部[①]《中国环境统计年鉴》。

（4）农药施用合理化:关注单位农作物播种面积农药施用量的下降比例。当前,由于农药过量不合理使用所导致的土地污染和农产品质量安全隐患有愈演愈烈之势,值得全社会高度重视。国家"十三五"规划提出,要全面推行农业标准化生产,强化农药残留超标治理。

$$农药施用合理化 = \left(1 - \frac{本年度农药施用量/本年度农作物总播种面积}{上年度农药施用量/上年度农作物总播种面积}\right) \times 100\%$$

数据来源:国家统计局《中国统计年鉴》,环境保护部《中国环境统计年鉴》。

（5）城市生活垃圾无害化提高率:指生活垃圾无害化处理量所占生活垃圾产生量比例的年度提高率。由于统计中生活垃圾产生量不易取得,可用清运量代替。国家"十三五"规划提出,要加快城镇垃圾处理设施建设,加强生活垃圾分类回收。

$$城市生活垃圾无害化提高率 = \left(\frac{本年度生活垃圾无害化处理率}{上年度生活垃圾无害化处理率} - 1\right) \times 100\%$$

数据来源:国家统计局《中国统计年鉴》。

（6）农村卫生厕所普及提高率:考察行政区域内使用卫生厕所的农村人口数占辖区内农村人口总数比例的年度增加率。卫生厕所是指有完整下水道系统的水冲式、三格化粪池式、净化沼气池式、多瓮漏斗式公厕以及粪便及时清理并进行高温堆肥无害化处理的非水冲式公厕。

$$农村卫生厕所普及提高率 = \left(\frac{本年度农村卫生厕所普及率}{上年度农村卫生厕所普及率} - 1\right) \times 100\%$$

数据来源:国家卫生和计划生育委员会[②],环境保护部《中国环境统计年鉴》。

3. 资源节约考察领域

（1）万元地区生产总值能源消耗降低率:指每生产 1 万元国内生产总值所消耗能源的下降率。国家"十三五"规划提出,要大幅提高能源资源开发利用效率,能源消耗总量得到有效控制,推动能源结构优化升级,作为重点控制的约束性指标,单位 GDP 能源消耗降低 15%,非化石能源占一次能源消费比重 15%以上。

---

① 2018 年 3 月后调整为生态环境部。后同。
② 2018 年 3 月后调整为国家卫生健康委员会。后同。

万元地区生产总值能源消耗降低率＝万元地区生产总值能耗降低率

数据来源：国家统计局《中国统计年鉴》。

（2）水资源开发强度优化：指行政区域内，用水总量占水资源总量比例的年度降低率。国家"十三五"规划提出，加强水资源科学开发，合理、节约、高效使用，万元 GDP 用水量下降 23％，用水总量控制在 6700 亿立方米以内。

$$水资源开发强度优化 = \left(1 - \frac{本年度用水总量/本年度水资源总量}{上年度用水总量/上年度水资源总量}\right) \times 100\%$$

数据来源：环境保护部《中国环境统计年鉴》。

（3）工业固体废物综合利用提高率：指通过回收、加工、循环、交换等方式，从固体废物中提取或者使其转化为可以利用的资源、能源和其他原材料的固体废物量，占固体废物产生量比例的年度提高率。国家"十三五"规划提出，要大力发展循环经济，加快废弃物的资源化利用。

工业固体废物综合利用提高率

$$= \left(\frac{本年度一般工业固体废物综合利用量/本年度一般工业固体废物产生量}{上年度一般工业固体废物综合利用量/上年度一般工业固体废物产生量} - 1\right) \times 100\%$$

数据来源：国家统计局《中国统计年鉴》。

（4）城市水资源重复利用提高率：指城市水资源重复利用比例的年度上升率。国家"十三五"规划提出，落实最严格的水资源管理制度，实施再生水利用工程，加快非常规水资源利用，提高资源利用效率。

$$城市水资源重复利用提高率 = \left(\frac{本年度城市水资源重复利用率}{上年度城市水资源重复利用率} - 1\right) \times 100\%$$

数据来源：环境保护部《中国环境统计年鉴》。

4. 排放减害考察领域

（1）化学需氧量排放效应优化：评价化学需氧量排放量与辖区内Ⅰ～Ⅲ类水质河流长度比值的年度降低率。该指标的设置体现优化国土空间开发格局，转变经济发展方式，在生态、环境承载能力范围内有条件排放污染物的政策导向。不绝对苛求削减化学需氧量排放，而是以水体环境质量变化为依据，如未引起水体环境恶化，则表明当前排放在环境容量之内，继续排放为合理诉求。国家"十三五"规划提出，要大力推进污染物达标排放和总量减排，作为约束性指标，化学需氧量排放总量减少 10％。

$$化学需氧量排放效应优化 = \left(1 - \frac{本年度化学需氧量排放量/本年度Ⅰ～Ⅲ类水质河长}{上年度化学需氧量排放量/上年度Ⅰ～Ⅲ类水质河长}\right) \times 100\%$$

数据来源：水利部《中国水资源公报》，国家统计局《中国统计年鉴》。

（2）氨氮排放效应优化：指氨氮排放量与辖区内Ⅰ～Ⅲ类水质河流长度比值的年度下降率。该指标与化学需氧量排放效应优化类似，均为水体污染物排放效应优化指标，并不绝对禁止各地的氨氮排放，而是以水体质量变化为依据，如未导致水体质量变差,即表明排放量在生态、环境容量之内,继续排放为合理诉求。体现优化国土空间开发格局,转变经济发展方式,在生态、环境承载能力范围内有条件排放污染物的政策导向。国家"十三五"规划提出,要大力推进污染物达标排放和总量减排,作为约束性指标,氨氮排放总量需要减少10%。

$$氨氮排放效应优化 = \left(1 - \frac{本年度氨氮排放量 / 本年度 Ⅰ \sim Ⅲ 类水质河长}{上年度氨氮排放量 / 上年度 Ⅰ \sim Ⅲ 类水质河长}\right) \times 100\%$$

数据来源:水利部《中国水资源公报》,国家统计局《中国统计年鉴》。

(3) 二氧化硫排放效应优化:考察二氧化硫排放量与辖区面积和空气质量达到及好于二级天数比例的比值年度下降率。本指标的设置体现优化国土空间开发格局,转变经济发展方式,在生态、环境承载能力范围内有条件排放污染物的政策导向。并非一味强调降低二氧化硫等大气污染物排放量,而是以空气质量变化为依据,如未引起空气质量恶化,则能源消耗产生的二氧化硫等大气污染物排放量上升即为合理诉求。国家"十三五"规划提出,要大力推进污染物达标排放,削减区域污染物排放总量,作为约束性指标,二氧化硫排放总量减少15%。

$$二氧化碳排放效应优化 = \left(1 - \frac{\dfrac{本年度二氧化硫排放量}{辖区面积 \times \dfrac{本年度环保重点城市空气质量}{达到及好于二级的平均天数比例}}}{\dfrac{上年度二氧化硫排放量}{辖区面积 \times \dfrac{上年度环保重点城市空气质量}{达到及好于二级的平均天数比例}}}\right) \times 100\%$$

数据来源:国家统计局《中国统计年鉴》。

(4) 氮氧化物排放效应优化:指氮氧化物排放量与辖区面积和空气质量达到及好于二级天数比例的比值年度下降率。该指标也为大气污染物排放效应优化指标,并不绝对要求降低氮氧化物排放量,而是以空气质量变化为依据,如未导致空气质量退化,则表明当前的排放在生态、环境容量内,为合理排放。反映优化国土空间开发格局,转变经济发展方式,在生态、环境承载能力范围内有条件排放污染物的政策导向。国家"十三五"规划提出,要大力推进污染物达标排放,削减区域污染物排放总量,作为约束性指标,氮氧化物排放总量须削减15%。

$$氮氧化物排放效应优化 = \left(1 - \frac{\dfrac{本年度氮氧化物排放量}{辖区面积 \times \dfrac{本年度环保重点城市空气质量}{达到及好于二级的平均天数比例}}}{\dfrac{上年度氮氧化物排放量}{辖区面积 \times \dfrac{上年度环保重点城市空气质量}{达到及好于二级的平均天数比例}}}\right) \times 100\%$$

数据来源:国家统计局《中国统计年鉴》。

(5) 烟(粉)尘排放效应优化:指烟(粉)尘排放量与辖区面积和空气质量达到及好于二级天数比例的比值年度下降率。烟(粉)尘作为当前雾霾主要来源,该指标以空气质量变化情况为依据,判断其排放与当地生态、环境承载能力的关系,如没有引起空气质量恶化,则排放为合理诉求。体现优化国土空间开发格局,转变经济发展方式,在生态、环境承载能力范围内污染物有条件排放的政策导向。国家"十三五"规划提出,要加强大气污染联防联控,大力推进污染物达标排放,削减区域污染物排放总量,细颗粒物浓度下降 25% 以上。

$$\text{烟(粉)尘排放效应优化} = \left(1 - \frac{\dfrac{\text{本年度烟(粉)尘排放量}}{\left(\text{辖区面积} \times \begin{array}{c}\text{本年度环保重点城市空气质量}\\\text{达到及好于二级的平均天数比例}\end{array}\right)}}{\dfrac{\text{上年度烟(粉)尘排放量}}{\left(\text{辖区面积} \times \begin{array}{c}\text{上年度环保重点城市空气质量}\\\text{达到及好于二级的平均天数比例}\end{array}\right)}} \right) \times 100\%$$

数据来源:国家统计局《中国统计年鉴》。

附录二　GLPI 2016 指标解释和数据来源

绿色生活发展指数(GLPI 2016)评价指标体系,包含两个二级指标,十个三级指标。各指标具体含义、计算公式及数据来源如下。

1. 消费升级考察领域

(1) 人均可支配收入增长率:居民人均可用于自由支配的收入的年度增长率。可支配收入指居民可用于最终消费支出和储蓄的总和,包括现金收入和实物收入。

$$人均可支配收入增长率 = \left(\frac{本年度人均可支配收入}{上年度人均可支配收入} - 1\right) \times 100\%$$

数据来源:国家统计局《中国统计年鉴》。

(2) 人均消费水平增长率:人均日常生活全部现金支出的年度增长率。全部现金支出包括食品烟酒、衣着、居住、家庭用品及服务、交通通信、文教娱乐、医疗保健以及其他等八大类支出。

$$人均消费水平增长率 = \left(\frac{本年度人均消费支出}{上年度人均消费支出} - 1\right) \times 100\%$$

数据来源:国家统计局《中国统计年鉴》。

(3) 人均卫生总费用增长率:行政区内居民人均卫生总费用年度增长率。卫生总费用指为展开卫生服务活动从全社会筹集的卫生资源的货币总额,由政府卫生支出、社会卫生支出和个人卫生支出三大部分构成。卫生总费用反映了一定经济条件下,政府、社会和居民对卫生保健的重视程度和费用负担水平,以及卫生筹资模式的主要特征,卫生筹资的公平合理性。

$$人均卫生总费用增长率 = \left(\frac{本年度人均卫生总费用}{上年度人均卫生总费用} - 1\right) \times 100\%$$

数据来源:国家卫生和计划生育委员会《中国卫生和计划生育统计年鉴》,国家统计局《中国统计年鉴》。

(4) 人均公共教育经费增长率:行政区内居民人均公共财政教育经费年度增长率。反映了中央和地方财政部门的预算中实际用于教育的人均费用变化情况。公共财政教育支出包括教育事业费、基建经费和教育费附加。

$$人均公共教育经费增长率 = \left(\frac{本年度公共教育经费总数/本年度人口总数}{上年度公共教育经费总数/上年度人口总数} - 1\right) \times 100\%$$

数据来源：教育部、国家统计局、财政部"全国教育经费执行情况统计公报"，国家统计局《中国统计年鉴》。

（5）人均生活垃圾清运量降低率：城镇居民人均生活垃圾清运量年度降低率。生活垃圾指日常生活或为日常生活提供服务的活动中产生的固体废物，包括居民生活垃圾、商业垃圾、集市贸易市场垃圾、街道清扫垃圾、公共场所垃圾和机关、学校、厂矿等单位的生活垃圾。年度生活垃圾清运量指年度收集和运送到生活垃圾处理厂（场）和生活垃圾最终消纳点的生活垃圾数量。

$$人均生活垃圾清运量降低率 = \left(1 - \frac{本年度城市生活垃圾清运量/本年度城镇人口总数}{上年度城市生活垃圾清运量/上年度城镇人口总数}\right) \times 100\%$$

数据来源：国家统计局《中国统计年鉴》。

2．排放优化考察领域

（1）人均化学需氧量生活排放强度下降率：城镇居民人均生活源化学需氧量年度排放量下降率。

$$人均化学需氧量生活排放强度下降率 = \left(1 - \frac{本年度城镇生活源化学需氧量排放量/本年度城镇人口数}{上年度城镇生活源化学需氧量排放量/上年度城镇人口数}\right) \times 100\%$$

数据来源：国家统计局《中国环境统计年鉴》《中国统计年鉴》。

（2）人均氨氮生活排放强度下降率：城镇居民人均生活源氨氮年度排放量下降率。

$$人均氨氮生活排放强度下降率 = \left(1 - \frac{本年度城镇生活源氨氮排放量/本年度城镇人口数}{上年度城镇生活源氨氮排放量/上年度城镇人口数}\right) \times 100\%$$

数据来源：《中国环境统计年鉴》《中国统计年鉴》。

（3）人均二氧化硫生活排放强度下降率：城镇居民人均生活源二氧化硫年度排放量下降率。

$$人均二氧化硫生活排放强度下降率 = \left(1 - \frac{本年度城镇生活源二氧化硫排放量/本年度城镇人口数}{上年度城镇生活源二氧化硫排放量/上年度城镇人口数}\right) \times 100\%$$

数据来源：国家统计局《中国环境统计年鉴》《中国统计年鉴》。

（4）人均氮氧化物生活排放强度下降率：城镇居民人均生活源氮氧化物年度排放量下降率。

$$人均氮氧化物生活排放强度下降率 = \left(1 - \frac{本年度城镇生活源氮氧化物排放量/本年度城镇人口数}{上年度城镇生活源氮氧化物排放量/上年度城镇人口数}\right) \times 100\%$$

数据来源：国家统计局《中国环境统计年鉴》《中国统计年鉴》。

（5）人均烟（粉）尘生活排放强度下降率：城镇居民人均生活源烟（粉）尘年度排放量下降率。

人均烟（粉）尘生活排放强度下降率

$$
= \left(1 - \frac{\text{本年度城镇生活源烟（粉）尘排放量} / \text{本年度城镇人口数}}{\text{上年度城镇生活源烟（粉）尘排放量} / \text{上年度城镇人口数}}\right) \times 100\%
$$

数据来源：国家统计局《中国环境统计年鉴》《中国统计年鉴》。

参 考 文 献

BOB HALL，MARY LEE KERR. 1991—1992 Green Index：A State-By-State Guide to the Nation's Environmental Health ［M］. Washington DC：Island Press，1991.

MICHAEL COMMON，SIGRID STAGL. 生态经济学引论［M］. 北京：高等教育出版社，2012.

OECD. OECD Work on Sustainable Development［EB/OL］. 2011［2018-10-31］. http：//www. oecd. org/greengrowth/47445613. pdf.

United States Census Bureau. Data［DB/OL］. ［2018-10-31］. http：//www. census. gov/data. html.

United Nations Department of Economic and Social Affairs. Indicators of Sustainable Development：Framework and Methodologies［EB/OL］. 2001［2018-10-31］. http：//www. un. org/esa/sustdev/csd/csd9_indi_bp3. pdf.

北京师范大学科学发展观与经济可持续发展研究基地等. 2010 中国绿色发展指数年度报告——省际比较［M］. 北京：北京师范大学出版社，2010.

本书编写组. 中共中央关于全面深化改革若干重大问题的决定辅导读本［M］. 北京：人民出版社，2013.

陈佳贵，等. 中国工业化进程报告(1995—2005 年)：中国省域工业化水平评价与研究［M］. 北京：中国社会科学出版社，2007.

陈宗兴. 生态文明建设(理论卷/实践卷)［M］. 北京：学习出版社，2014.

谷树忠，谢美娥，张新华. 绿色转型发展［M］. 浙江：浙江大学出版社，2016.

国家林业局. 推进生态文明建设规划纲要(2013—2020 年)［EB/OL］. 2013［2018-10-31］. http：//www. forestry. gov. cn/portal/xby/s/1277/content-636413. html.

国家林业局. 中国荒漠化和沙化状况公报［EB/OL］. 2015［2018-10-31］. http：//www. forestry. gov. cn/main/69/content-831684. html.

国家林业局. 中国湿地资源(2009—2013 年)［EB/OL］. 2014［2018-10-31］. http：//www. forestry. gov. cn/main/58/content-661210. html.

国家林业局经济发展研究中心，国家林业局发展规划与资金管理司. 国家林业重点工程社会经济效益监测报告 2013[M].北京:中国林业出版社,2014.

　　国务院发展研究中心,施耐德电气.以创新和绿色引领新常态:新一轮产业革命背景下中国经济发展新战略[M].北京:中国发展出版社,2015.

　　解振华.中国环境执法全书[M].北京:红旗出版社,1997.

　　金瑞林.环境法——大自然的护卫者[M].北京:时事出版社,1985.

　　OECD. OECD Data[DB/OL]. [2018-10-31]. http://data.oecd.org/.

　　李建平,李闽榕,王金南.全球环境竞争力报告(2015)[M].北京:社会科学文献出版社,2015.

　　李士,方虹,刘春平.中国低碳经济发展研究报告[M].北京:科学出版社,2011.

　　厉以宁,吴敬琏,周其仁,等.读懂中国改革 3:新常态下的变革与决策[M].北京:中信出版社,2015.

　　廖福霖.生态文明建设理论与实践[M].北京:中国林业出版社,2001.

　　林黎.中国生态补偿宏观政策研究[M].四川:西南财经大学出版社,2012.

　　刘思华.理论生态经济学若干问题研究[M].南宁:广西人民出版社,1989.

　　刘湘溶.生态文明论[M].长沙:湖南教育出版社,1999.

　　卢风,等.生态文明新论[M].北京:中国科学技术出版社,2013.

　　吕薇,等.绿色发展:体制机制与政策[M].北京:中国发展出版社,2015.

　　牛文元.2015 世界可持续发展年度报告[M].北京:科学出版社,2015.

　　农业部.全国草原保护建设利用总体规划[EB/OL].2007[2018-10-31]. http://www.moa.gov.cn/govpublic/XMYS/201006/t20100606_1534928.htm.

　　潘家华.中国的环境治理与生态建设[M].北京:中国社会科学出版社,2015.

　　清华大学气候政策研究中心.中国低碳发展报告(2014)[M].北京:社会科学文献出版社,2014.

　　曲格平.中国环境问题及对策[M].北京:中国环境科学出版社,1989.

　　The World Bank Group. World Bank Open Data[DB/OL]. [2018-10-31]. http://data.worldbank.org/.

　　世界自然基金会(WWF).中国生态足迹报告 2012:消费、生产与可持续发展[EB/OL]. [2018-10-31]. http://www.wwfchina.org/wwfpress/publication/.

　　谭崇台.发展经济学的新发展[M].武汉:武汉大学出版社,1999.

　　滕泰,范必.供给侧改革[M].北京:东方出版社,2015.

　　郇庆治.重建现代文明的根基——生态社会主义研究[M].北京:北京大学出版社,2010.

　　亚里士多德.政治学[M].吴寿彭,译.北京:商务印书馆,1965.

　　严耕,等.中国省域生态文明建设评价报告(ECI 2010)[M].北京:社会科学文献出版社,2010.

严耕,等.中国省域生态文明建设评价报告(ECI 2011)[M].北京:社会科学文献出版社,2011.

严耕,等.中国省域生态文明建设评价报告(ECI 2012)[M].北京:社会科学文献出版社,2012.

严耕,等.中国省域生态文明建设评价报告(ECI 2013)[M].北京:社会科学文献出版社,2013.

严耕,等.中国省域生态文明建设评价报告(ECI 2014)[M].北京:社会科学文献出版社,2014.

严耕,等.中国生态文明建设发展报告 2014[M].北京:北京大学出版社,2015.

严耕,等.中国省域生态文明建设评价报告(ECI 2015)[M].北京:社会科学文献出版社,2015.

严耕,王景福.中国生态文明建设[M].北京:国家行政学院出版社,2013.

严耕,杨志华.生态文明的理论与系统建构[M].北京:中央编译出版社,2009.

吴明红.论生态危机根源及我国生态文明建设主要任务[J].理论探讨,2017(03):43—47.

GOV. UK. Statistics[EB/OL]. [2018-10-31]. https://www.gov.uk/government/statistics.

余谋昌.生态文明论[M].北京:中央编译出版社,2009.

臧洪,丰超,等.绿色生产技术、规模、管理与能源利用效率——基于全局 DEA 的实证研究[J].工业技术经济,2015(01):145—154.

中共中央宣传部编.习近平总书记系列重要讲话读本[M].北京:学习出版社,人民出版社,2014.

中国科学院可持续发展战略研究组.2010 中国可持续发展战略报告:绿色发展与创新[M].北京:科学出版社,2010.

中国科学院可持续发展战略研究组.2015 中国可持续发展报告:重塑生态环境治理体系[M].北京:科学出版社,2015.

中国人民大学气候变化与低碳经济研究所.中国低碳经济年度发展报告(2011)[M].北京:石油工业出版社,2011.

中国社会科学院工业经济研究所.2014 中国工业发展报告——全面深化改革背景下的中国工业[M].北京:经济管理出版社,2014.

中华人民共和国环境保护部.环境保护部关于加快推动生活方式绿色化的实施意见:环发[215]135 号[A/OL].(2015-10-21)[2018-10-30].http://www.gov.cn/gongbao/2016-02/29/content_5046109.htm.

后　　记

　　《中国生态文明建设发展报告2016》从动态的视角,评价分析我国生态文明建设最新进步态势。本书是连续出版的第三部年度发展报告。2016年度,继续完善了生态文明建设与绿色生产、绿色生活三套发展评价指标体系,检验全国整体生态文明建设推进成效,及其在生产方式、生活方式绿色转型方面的具体落实情况。

　　本书是课题组集体研究的成果。课题研究、全书谋篇布局及统稿润色均在严耕主持下完成,吴明红、樊阳程、陈佳等参与了研究与撰写工作。

　　全书共包括三个部分,课题组成员分工协作完成撰写。第一部分生态文明建设发展评价报告,由第一至第四章组成。第一章中国生态文明建设发展年度评价报告,吴明红撰写;第二章各省份生态文明发展的类型分析,刘贝贝撰写;第三章中国生态文明发展态势和驱动分析,高琪、吴明红撰写;第四章中国生态文明建设的国际比较,孙煦扬、樊阳程撰写。第二部分绿色生产发展评价报告,由第五至第七章组成。第五章绿色生产发展年度评价报告,由陈佳、刘阳、刘志博撰写;第六章绿色生产建设发展类型分析,由陈佳、张泽宇撰写;第七章绿色生产发展态势和驱动分析,由陈佳、夏一凡撰写。第三部分绿色生活发展评价报告,包括第八至第十章。第八章绿色生活发展年度评价报告,由樊阳程、崔惠涓、杜亚舒撰写;第九章绿色生活建设发展类型分析,由陈慧、樊阳程撰写;第十章绿色生活发展态势和驱动分析,由刘一丹、樊阳程撰写。

　　博士研究生张海英,硕士研究生陈天楠、刘昕等同学参与了部分资料搜集和数据整理的研究工作,谨此致谢! 本书的完成,他们功不可没。

　　由于国家生态环境监测网络仍不健全,部分重要指标缺乏权威数据支撑,未能纳入目前的量化评价分析中。随着大数据技术日趋成熟,大数据与生态文明评价相结合,将使评价分析结果更精准,更具指导性。由于作者水平所限,书中不足之处,恳请读者批评指正!

本书课题组

2019年5月